# スズメはなぜ人里が好きなのか

大田眞也

弦書房

〔表紙表写真〕
親鳥（左）による巣立ち雛への給餌
〔表紙裏写真〕
親鳥（左）による巣立ち雛への給餌
〔扉写真〕
ヤガ（夜蛾）科の一種を運ぶ

古代赤米をついばむ　2004年11月21日　熊本市春日の自宅２階のベランダで

稲田に群れる　1995年10月22日　熊本市城山上代町で

青葉を巣に運ぶ（雄）
1996年５月25日　熊本市春日で
（本文41頁参照）

（実物大）

スズメの卵　斑紋は同じ雌が産んだものでも一個一個異なる（本文70頁参照）

ツバメの古巣に営巣して育雛する
1973年６月14日　熊本市立河内中学校で　（本文64頁参照）

白雀（中央）と普通のスズメ
1997年12月31日　熊本市秋津町で　（本文132頁参照）

黒雀（右）と普通のスズメ
2000年２月20日　熊本県阿蘇市阿蘇町で　（本文136頁参照）

稲穂をついばむニュウナイスズメの群れ
2000年11月５日　熊本市海路口町で　（本文156・185頁参照）

イエスズメ（雄）
1996年７月24日　オーストラリアのシドニーで（大田薫撮影）（本文157・175頁参照）

# スズメはなぜ人里が好きなのか

目次

## Ⅱ　スズメの仲間

# はじめに

スズメは、日本人にとっては最も身近なありふれた野鳥で、ある程度の規模以上の集落ですと日本全国どこでも見られますが、人が住んでいない人里離れた原生の森林や草原、あるいは無人島などでは見られません。しかし、そのような場所でも開発されて人が住み、集落の規模がある一定以上になるとスズメもすむようになります。それとは逆に、スズメがすんでいた集落でも過疎などで人が住まなくなると空き家は残っていてもスズメはいなくなります。東京の南南西約一八〇キロメートルの太平洋上に海底火山の噴火によってできた三宅島で平成十二年七月八日に火山噴火が再開し、九月四日に全島民が避難のために離島することになりましたが、それまで高密度に生息していたスズメもまた集落から姿を消してしまいました。しかし、その後、火山噴火が沈静化して平成十七年二月一日に避難指示が解除され帰島が始まるとスズメもまた集落へ帰って来たという。

北原白秋は『雀の生活』に、「全く雀くらい人間と深い交渉を持った小鳥はありません。それは親しみ深いものです。いや親しみ深いと云うよりも、雀は人間なしには全く生きていられない。それほど雀は人間離れのしない小鳥なのです。」と書いています。ロシアの生態学者H・P・ナウモフは、人の居住地及びそれを取り巻く環境においてのみ生きられる動物を、ギリシャ語の「…

と共に」を意味するsynと人類を意味するanthroposとからsynanthrope（シナントロープ、人類同調種）と呼びましたが、日本のスズメはその典型といえます。このような人とスズメの密接な共生がみられるのは、実はスズメの広い分布域の中でも日本を含むアジアの東部と南部に限られているのです。

スズメは、英名でTree《ツリー》 Sparrow《スパロウ》（木に巣くうスズメの意）と呼ばれ、学名も*Passer*《パッサー》 *montanus*《モンタヌス》（山にすむスズメの意）となっているようにヨーロッパなどでは山林にすんで、ちょうど日本のニュウナイスズメ*P. rutilans*のように野性味溢れる生活をしているのです。そして人家周辺にはその名もイエスズメ*P. domesticus*（英名、House Sparrow）が日本でのスズメのようにすんでいるのです。このように同じスズメが地域によって生態を大きく変えているのは興味深いことです。

ところがこれまで日本にはいなかったイエスズメが北海道北部の利尻島で平成二年八月に雄一羽と幼鳥二羽が見られ、平成四年五月にも雄五羽が見られたとのこと。イエスズメはスズメの仲間（スズメ属の鳥）では移入も含めて近年最も分布を拡大していて、なぜかアジア東部の日本や中国は空白地になっていましたが、ついに侵入が始まったのでしょうか。イエスズメが今後日本に分布を拡大していった場合、スズメはヨーロッパでのように周辺の山林に追われると予想されますが、そうなると、そこにいるニュウナイスズメはどうなるのでしょうか。

かつてスズメとともにごく普通に見られていたメダカがいつの間にか北アメリカ原産のよく似たカダヤシ（タップミノー）にとって代わられ、気がついたら絶滅の危機に瀕していた（環境省の絶滅危惧Ⅱ類）ということもありますから、二〇世紀内にせめてスズメに関する観察記録だけでも整理しておこうと平成十二年に『スズメ百態面白帳』(葦書房)を出版しました。それから一〇年が経過しましたが、乾燥気候を好むとみられるイエスズメは梅雨や秋霖《しゅうりん》があるモンスーン気候にはなじまないのか、現在のところ日本での分布拡大は当初危惧していたほどではないようです。

しかし、近年、スズメが以前と比べて減少しているようで気になり始めました。同じように思っている人も増えているようです。昭和四十八年(一九七三年)から環境省(当時は環境庁)の主導で実施されている自然環境保全基礎調査の一項目としての鳥類繁殖分布調査の結果からもスズメの減少は読みとれ、狩猟統計や有害鳥として駆除されるスズメの個体数にも現れているようです。その減少ぶりは、ある推計では一九九〇年頃の半分ないし五分の一程度に減少しているといい、一九六〇年代比だとなんと一〇分の一程度に減少してしまっているともいわれています。

朝日新聞(二〇〇〇年四月五日付夕刊)によると、日本のスズメと生態系上の同じ地位(ニッチ)にあるイエスズメがロンドンでは五年で半減、イギリス全体では過去四半世紀(二五年)間に九割も減少したとのことで、当時のブレア首相は「人里を好むイエスズメの減少は環境悪化進行の兆候である」として、政府予算から一八万ポンド(約三〇〇〇万円)を支出して原因究明に乗り出したとか。減少の原因は単一ではなく、複数の要因が複雑に絡まっての結果のようで簡単には分かりませんが、このような国を挙げての危機感の浸透が功を奏したのかイギリスでのイエスズメの減少にはその後歯止めがかかったとか。

日本のスズメ減少にも複数の要因が絡まっているとみられますが、減少をはっきり実感できる分かり易い具体的な資料がないためにまだ国民共通の認識となっておらず気を揉んでいます。スズメのように群れ生活をするものでは、個体数が減少すると群れることで有利になるアリー効果もうすれて減少に拍車がかかる可能性もあり、このまま何も対処しないでいたら生物多様性保全上からもとり返しのつかない事態になりはしないかと心配です。

それには、まず一人でも多く、スズメに関心をもってもらうことが大切です。知ることは愛の出発点であるとは言い古された言葉ですが、そんな思いから前著作の後に得たスズメについての知見を加えて体裁も新たに再度ペンを執ることにしました。三部構成にしていて、Ⅰ部ではまずスズメがどういう生活をしているかについて見ていき、Ⅱ部ではスズメ以外のスズメの仲間（スズメ属の鳥）についても概観します。そして最後のⅢ部で人はスズメをこれまでどう認識して、どういう接し方をしてきたかについて振り返ってみようと思っています。つまり温故知新で、そのことでスズメ減少の原因もおのずから分かり、今後のスズメとのより好ましい共生の明るい未来への道も開けてくるのではないかと思っています。本書がまずはスズメに関心をもつきっかけになればと願うばかりです。

# I　スズメの生活

食う

## バケツ稲を食害したのは?!

二学期が始まって間もなく、五年生が学校の中庭で栽培しているポリバケツの稲穂が突然なくなるという怪事件が勃発して騒然となりました。五年生は一学期から各自がポリバケツで稲をそれぞれ栽培していて、収穫を目前にして稲穂が突然芯だけになってしまったというのです。それも全部ではなくて、被害はキンモクセイの近くに置いたものに集中していて付近には籾殻が散乱していたとのことです。これは熊本市の東部にある小学校での出来事です。

バケツ栽培の稲穂をついばむスズメの夫婦!? 1999年9月4日 熊本市立託麻南小学校で

五年生は五クラスで、中庭にはちょっとした稲田ができたようでした。校長室からは中庭全体が見渡せますので、私も稲の生長を毎日窓越しに楽しく観察していて、それが何者の仕業かは知っていました。初めて気づいたときには児童のがっかりした姿を想像して追い払おうと思いました。しかし、思いとどまりました。児童が自らそのことに気づいて原因を究明するのも大事な学習と考えたからです。それでせめてそのときの学習の資料にでもと証拠になる写真だけは撮っておいてやることにしました（写真）。児童たちはスズメが米を食べることは『舌切雀』の昔話などをとおして知ってはいても、よい実体験になったようです。

## 稲の害鳥⁉

鳴子引く田面の風になびきつつ波寄る暮のむら雀かな　　定家卿

鎌倉時代末に編まれた『夫木和歌抄』（一三一〇年頃）にある一首です。鳴子とは、絵馬のような家形の小さい板に細い竹筒を数本紐で掛け連ねたものを幹縄に吊り下げ、縄の一方を引くと揺れて竹筒が板に打ち擦れて音が出るスズメ脅しの装置で、引板ともいいます。見張り小屋で見張っていて、スズメが稲田に近づかないように縄を引いて音を立てるのですが、もっぱら一人前の働きができなくなった老人や、子供がする仕事でした。稲栽培の技術が今日よりまだ未熟で収穫量も少なかったであろう過去の時代にはスズメによる稲穂の食害は今日よりずっと深刻で、死活にかかわる問題だったことでしょう。鳴子によるスズメ脅しは案山子とともに秋の風物詩にもなって今日まで続いています。稲作農家のスズメ追いの努力は稲作が続く限り今後もけっして過去のものとはならないでしょう。

スズメは、現存する日本最古の歴史書『古事記』（七一二年）や、それに次いで日本最古の勅撰の正史とされている『日本書紀』（七二〇年）に既に登場しています。それは天若日子《あめわかひこ》の葬儀に、古事記では碓女《うすめ》、日本書紀では舂女《つきめ》としての登場です。どちらも「米つき女」の意で、スズメが米をついばむ様と女が脱穀する姿がきっと当時の人たちには重なって見えたのでしょう。稲作文化を築いてきた日本人は、稲といえば、鳥はすぐスズメを連想します。稲とスズメの結び付きは、おそらく稲作開始当初までさかのぼるでしょう。元来、種子食のスズメが、大量に、しかも毎年安定的に生産され、冬季にも保存される米を食物メニューに加えたのはごく自然の成り行きでしょう。

スズメによる農作物の被害は、農林水産省による平成二十年度の調査では、被害の面積、量ともに稲が約八〇㌫《パーセント》近くを占めています。特に乳熟期から収穫期にかけて被害が集中していて、かつては鳥害を代表していました。それでは、稲田があってスズメがいればどこでも食害が発生するかというと、そうではありません。スズメの食害があるのは決まって稲田の周縁部で、広い稲田の中央部などということはけっしてありません。しかも、すぐ近くにいざというときの隠れ場となる生け垣や木立、竹やぶなどの茂みがあるという条件がそろっている場所に限られています。というのも自然界で弱い立場にあるスズメには、カラスや小型のタカ・ハヤブサの仲間などの天敵も多くて、警戒を怠ってはならないからです。このことに気づいた江戸時代の俳人、松尾芭蕉は、「稲雀《いなすずめ》茶の木畠や逃げ処《どころ》」と、その生態を観察眼鋭く巧みに詠んでいます。先述の小学校の中庭ではどうやらキンモクセイが避難場所になっていたようです。そういう条件がそろった場所は、人家近くに多いことから人目にもつきやすく、食害も実際より大目に見られてしまう傾向もあるようです。

スズメ脅しに稲田に立てられた案山子　2009年10月22日　熊本市川口町で

茂みに避難する群雀　2003年１月10日
熊本市画図町で

かさこそと掛稲《はさ》の裾《出る》かく稲雀陽のまだ残る穂をく《か》
ぐりつつ《きわけて》（北原白秋）

1969年10月５日　熊本県球磨郡相良村で

### 〈稲穂食害の実態〉

農林水産省による平成二十年度の全国での野生鳥獣による農作物の被害状況調査によると、スズメによる農作物の被害は、被害の面積や量、被害金額ともカラス類に次いでいますが、稲については被害量、被害金額ともスズメがカラス類を抜いていて野鳥の中では突出しています。スズメの稲穂食害による被害金額は三億四九三二万円と試算されていて野鳥全体での稲被害金額の約四二㌫を占め、これは鳥害による被害金額全体の約七㌫に当たります。

野鳥による農作物の被害は、稲のほかにも麦類や豆類・雑穀・果樹・飼料作物・野菜・芋類などにもみられます。ちょっと意外に思えるのは麦類の被害で、スズメによるものが六六〇万円なのに対してカラス類では五八三五万円で九倍近くあり、雑穀でもスズメの三二六万円に対してカラス類では九九七万円で約三倍になっています。

## 食性の功罪

スズメは嘴の形態からも想像がつくように種子食の小鳥として進化してきていて、先述のように米好きですが、だからといって年中米ばかり食べているわけではありません。米のほかにもいろんな種子や虫なども食べていて、強いていうなら雑食性なのです。スズメは人間生活との関係が深いことから、その食性については日本の野鳥の中では最も早くから調べられていて、農商務省（現・農林水産省）の鳥獣調査報告第一号（「雀類に関する調査成績」一九二三年、内田清之助、仁部富之助、葛精一）に詳しく記されています。本州中部の長野県内を中心に一年の全月にわたって採

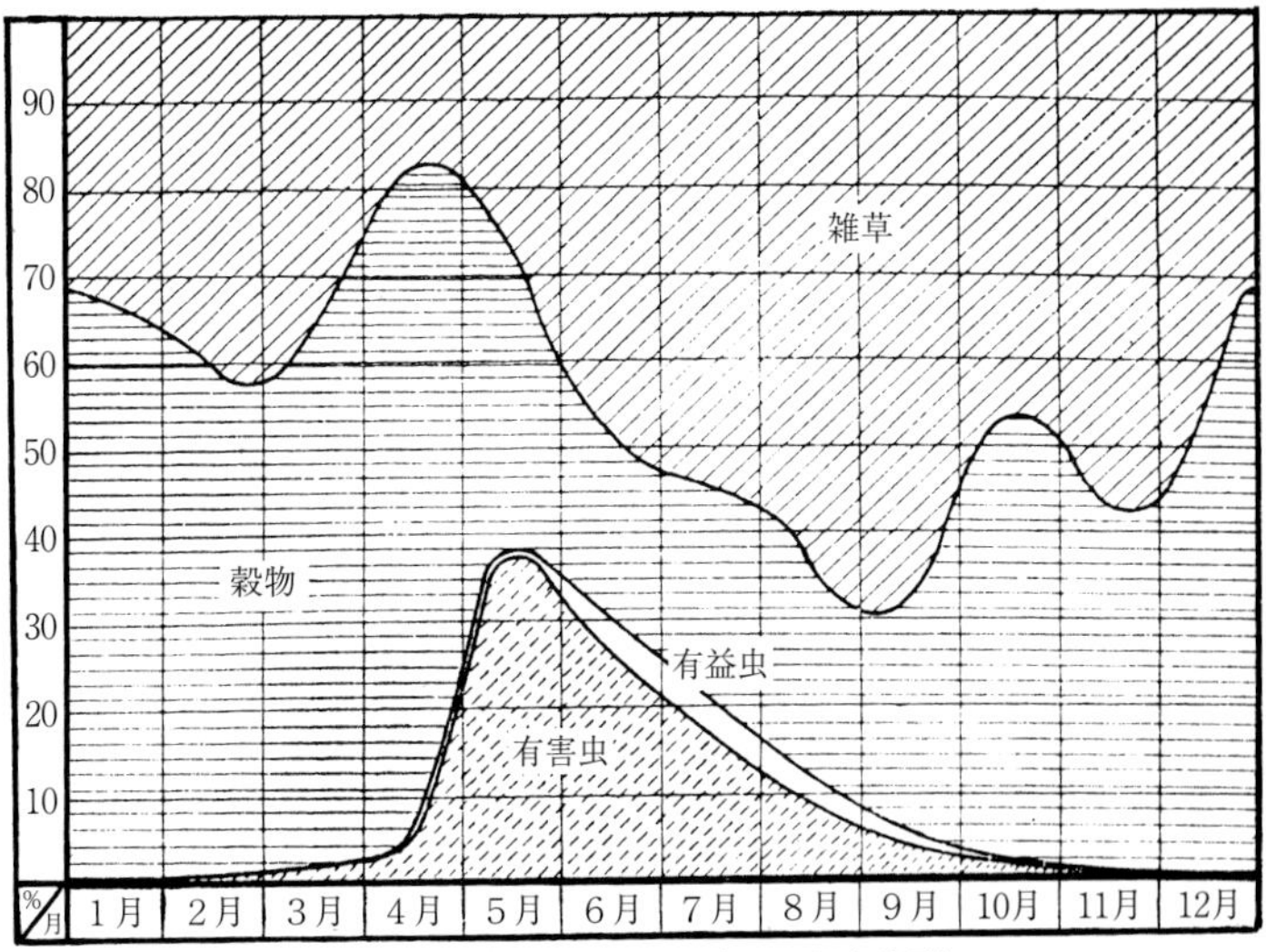

スズメの食性（本州中部地方での調査結果）

集された総計二六一七羽の嗉嚢《そのう》及び胃の内容物を調べたもので、スズメの食性についてこれだけ徹底した調査報告はこれより先にも後にもありません。食物の内容は地域によって多少は異なるでしょうが、基本的な部分は多く共通していると考えられますので、少し詳しく見てみましょう。

食物の年間総量では、植物質が八八パーセントを占めていますが、動物質も一二パーセント含まれています。植物質のうち米・麦・ソバなどの穀物が占める割合は四六パーセントで、月別にみると意外にも一月から四月にかけて多くなっています。この時季には穀物は実っていませんので、収穫後の落ち穂や植えるために蒔かれた種子ということでしょう。次に多いのは九月から十月にかけてで、これは稲の乳熟期から収穫期に当たっていて、この期間の食害による被害が最大の問題になっています。

穀物を除いた植物質もそのほとんどがメヒシバ・ノビエ・スズメノヒエといったイネ科植物の種子で、

次いでアカザ・イヌタデ・ハコベ・カタバミなどと続き、その多くがいわゆる田畑の雑草といわれているものの種子で六月から十二月にかけての夏から秋にかけて多く食べられています。

動物質の主なものは昆虫類で、五月から六月にかけては食物量の約四〇パーセントを占めています。この時季はスズメの育雛期に当たっていて、元来は種子食でも雛の成長に効率が良い動物性タンパク質源として多く与え、自らも食べているのでしょう。ゾウムシ・ハムシ・コガネムシなどの甲虫の仲間が最も多く、ほかにヨコバイ・アワフキ・イナゴ・ガの幼虫など、俗に農作物の有害虫といわれているものが大半を占めています。実際、農林省（現・農林水産省）のスズメの雛一六四羽での胃内容物についての別の調査でもマメゾウムシやエンドウゾウムシなどのゾウムシの仲間が一〇〇、甲虫の仲間が六七、コガネムシの幼虫が五二、それに幼虫が稲苗の根を食害する大害虫のキウリジガガンボが五二、その他の昆虫六四の残骸が確認されています。

平成十二年に隣家の棟瓦下で育雛したスズメは、雛に運んで来た餌の半分以上がなんとエダナナフシでした。また、育雛期での別の調査では雛に運んで来る餌のほとんどがガやガの幼虫・ハチ・クモなどで、セミやアブなども含まれていたとのこと。要するに身近で安易に入手できるものは何でも餌にしているといった感じで、特に選り好みなどしていないようです。

育雛期に親鳥が雛に餌を運ぶ回数は、先述の平成十二年に隣家の棟瓦下で三羽の雛を巣立たせた場合は、妻の観察によると巣立ち三日前が最多で、午前七時から午後七時までの一二時間に二九〇回でした。雛が巣立つまでに約一四日、巣立ち後の給餌期間を約一〇日とし、一回に虫一匹を運んで来たとして、一回の繁殖で雛に与える虫の数を単純計算してみると六九六〇匹となりま

落ち穂を拾う　1990年11月18日　熊本市城山上代町で

タイヌビエ（イネ科）の種子をついばむ
2004年９月４日　熊本市小島下町で

麦をついばむ
2005年５月21日　熊本県玉名市横島町で

スズキ（イネ科）の種子をついばむ
2003年12月３日　熊本県八代市北平和町で

アキノエノコログサ（イネ科）の種子をついばむ　1990年11月11日　熊本市城山上代町で

カゼグサ（イネ科）の種子をついばむ　2004年７月12日　熊本市二本木の白川右岸で

ビワの花をついばむ
1969年11月23日　熊本県人吉市南泉田町で

ソメイヨシノの花蜜を賞味する
2005年４月４日　熊本市健軍で

「桜に雀図」（森一鳳筆）
2007年４月20日発行の郵便切手

ミゾソバ（タデ科）の花をついばむ
2008年10月30日　熊本市江津で

セイタカアワダチソウ（キク科）の花をついばむ
1990年11月11日　熊本市城山上代町で

ビワの果実を
ついばむ(幼鳥)
2006年6月14日
熊本市画図町で

チシャノキ(ムラサキ科)
の果実をついばむ(幼鳥)
2001年8月7日
熊本市画図町で

ナンキンハゼ
(トウダイグサ
科)の乾果をつ
いばむ。表面の
白い果肉だけ食
べるので種子散
布には役立たな
い
1995年1月6日
熊本市健軍で

エダナナフシ
(ナナフシムシ科)を
運ぶ
2000年5月25日
熊本市春日で

ヤガ(夜蛾)科の一
種を運ぶ
2000年5月31日
熊本市春日で

キャベツ畑で青虫
(モンシロチョウの
幼虫)を探す
1995年10月22日
熊本市城山上代町で

す。実際には一回で二、三匹運んで来ることもありますし、親鳥自身が食べている分もありますので実際にはこれ以上の数量になることは確実です。スズメは年に二回、ときには三回繁殖しますので、日本全体のスズメが食べる虫の量は天文学的なものになります。その中には当然、農林業上での有害虫と見なされているものも多く含まれています。スズメが街路樹の有害虫であるアメリカシロヒトリやマイマイガを食べ尽くしてくれたとか、マツのマツケムシ、ラミイを食害するヤガの幼虫、マサキやイチジクのアオバハゴロモ、コデマリの新芽についたアブラムシなどを食べてくれて助かったなどというスズメの食性上の有益性についての実例は枚挙に暇がありません。北アメリカに今日広く生息している近縁のイエスズメは、当初はニレの木の毛虫駆除のためにイギリスから移入したものだとか。スズメの食性による農林業上の経済効果は計り知れず、しかも化学農薬による駆除などと違って無害です。

## カキとの共生

風も無いのにカキの葉が擦れ合う音がします。平成五年七月二十六日の晴れた朝のことです。なぜだろうと居間の障子戸をそっと開けると、何か白いものが紙吹雪のようにパッと飛び散りました。何だろうと目を凝らすとスズメが二羽います。スズメも私に気づいたのか警戒して一瞬動きを止めました。が、安全と思ったのか、すぐまた動き出しました。スズメがほかの枝に飛び移ると、例の白いものが紙吹雪のようにパッと飛び散ります。スズメはどうやらこの白いものが目当てのようです。枝へ飛び移るたびに白い紙吹雪でも舞うようにパッと逃げますが、何回かに一

カキの果実をついばむ。手前はメジロ
2010年1月6日　熊本市春日で

回は成功して捕らえて食べています。スズメは二羽ともまだ嘴の基部に黄色が残る今年巣立ったばかりの幼鳥です。要領はまだあまりよくないようですが、それでもちゃんと自力で餌を探してたくましく生きているのです。

紙吹雪のように飛び散る白い虫は、全長が一センチメートルにも満たない小さいカキノヘタムシガで、その幼虫はその名のようにカキの果実のヘタの部分から侵入して果実を枯らせて落としてしまうカキの大害虫として知られています。そのカキノヘタムシガの成虫を無心に食べているのです。このことが秋に甘く熟れた美味しい果実を多く食べられることにつながることをスズメ自身はおそらく知らないでしょう。スズメは、単に四季それぞれに食べられる季節のものを食べているだけでしょうが、自然界の仕組みは単純ながら実に巧妙にできています。そんな自然界の妙に感心してしばし見入ってしまいました。

# 育てる

## 声変わり

庭に鳴く雀の声の艶を帯びとおる力を持つ日となりぬ　窪田空穂

立春とはいえ、二月初めは南国九州でもまだ厳寒の最中にあって春とは名ばかりのように思えますが、耳を澄ませると確かな春の足音が聞こえてきます。スズメの声変わりもその一つで、チョン、チュビッと短く単調な鳴き声の繰り返しにも力強さが増して艶も帯びてきます。その鳴き声は、春の到来を喜んでいるようにも、来るべきときに備えての発声練習をしているようにも受け取れます。まだ厳寒の最中にあっても、日ごとに強まる日射と長まる日照時間が、スズメの眼をとおして脳下垂体を刺激し、各種ホルモンの分泌を促して血潮が騒ぎ出しているのでしょう。

人間社会では季節性のインフルエンザが流行し、学校では学級、学年閉鎖、あるいは臨時休校などが連日のように話題になり、人はまだ寒さに震えているのに、スズメはもう寒さにもめげずに春をいち早く感知して元気になっているのです。鳴き声は、その後チューーツ、チイン、チュンチーとか、チュウイーン、チイン、チューツ、チョン、あるいはチイン、チュウイーン、チューツ、チインなどと日をおうごとに長く複雑で囀りともいえそうなものへと変わっていきます。

## 雄の争い

二月も終わり近くになると、鳴き声以外にも行動に変化が見られます。それまで仲良さそうにしていた群れの中で小競り合いが目立つようになります。しだいに排他的になって、雄同士が近づき過ぎたりすると、頭を低くして尾を上げ、翼は半開きにして身構え、頬の黒い目玉模様を誇示するように膨らませて相手を睨みつけます。そのようなときにはたいてい一方が引き下がって事無きを得ますが、そうでないときには取っ組み合いの争いに発展します。お互いに相手の喉を目がけて激しくつつき合ったり、ときには食いついたまま転げまわったりもします。いったん群れの中でこういう争いがおきると周囲にいるものは野次馬と化し、群れ全体が興奮状態になって数羽から十数羽もが入り混じっての乱闘へと発展したりします。

スズメのなわばりは巣を中心にしたわずかなもののようですが、排他性は日ごとに強まっていきます。頭と尾羽を高く上げ、胸を張ってU字形に反らせた体を左右に振るようにしてジュクジュク鳴いてなわばりを宣言します。なわばりを侵すものがいると追い出しにかかりますが、このときにも近くにいるものも加わっての追いかけっこに発展しがちで、数羽が一団となって賑やかに鳴き騒ぎながらあちこち飛びまわります。追いつくと、屋根上といわず、木の茂み、地上と所かまわず、喉を目がけてつつき合ったり、足で摑み合ったり、足に食いついたりし、ときにはかん高い悲鳴をあげながら雨樋に転げ落ちながらもなおカサコソ音を立て、羽毛を散らしながらの壮絶な乱闘になることもあります。太く短めの円錐形をした嘴は丈夫で、一撃で相手の脳天を突き破る威力があるのでたまりません。一方が逃げ出してもすぐその後を一団となって追いかけ、追いつくとまた同様のことを繰り返すといった執拗さです。また、その間には抗争相手が入れ替わることもあるようで入り乱れての争いが延々と続きます。こういった争いには雄同士の雌争奪をかけたバトルの意味もあるようで、三月末頃までよく見られます。なわばり意識はやはり雄が強く、雌は自分の巣が他のスズメに奪われそうにでもならないかぎり争うようなことはしない平和主義者のようです。

**スズメ（雄）のけんか**
右上　足げにする
右下　足げにされて発奮し反撃に出る（下方の雄）
　　　どちらも2010年３月26日　熊本市動植物園で
左上　足で掴んでぶら下げる
　　　1997年３月30日　熊本市薄場町で
左下　頬の目玉模様を誇示して威嚇しながら追撃する（右の雄）
　　　2010年３月28日　熊本市動植物園で

## ミラーに惑わされる

道路脇に駐車している自動車のドアミラーや設置されているカーブミラー、さらにはビルのハーフミラーの窓など室外にはミラーやそれと同じはたらきをするものが意外と多く、これらのものが野鳥たちを困惑させることがあります。つまりミラーに映った己の姿をなわばりへの侵入者と錯覚して追い出そうとして無駄なエネルギーを消耗してしまうのです。本当の侵入者ですと、たいていはなわばり占有者の気迫に圧倒されて退散するのですが、相手が占有者自身の像では本人が断念するまで延々と続くことになりますのでエネルギーを消耗するとともに、夢中になって天敵への警戒がおろそかになったりしたら危険で命取りにもなりかねません。ミラーに映っている像が己自身のものであることが認識できるのは、人でも生後三年くらいしないとだめで、賢いとみられているスズメにもかなり困難のようです。

ドアミラー――平成七年十一月五日（日）、朝から雲一片なく、室内にいるのはもったいないような晴天で、これといった目的もないまま有明海沿岸の堤防上を緑川河口右岸先端にある船着き場「さゆんばね」近くまで南下して来たときのことです。堤防上の道路脇に留めてある三台の自動車のうちの中央の普通トラックのドアミラーに小鳥がしつこくつつき掛かっているのが目に留まりました。以前にもこの近くでハクセキレイが同様のことをしているのを見たことがありますが、ハクセキレイにしては尾羽が短いし体もいくぶん小さくて色も黒っぽく見えます。ミラーのアーム部分に止まって、頭と尾羽を高く上げ、胸を張ってU字形に深く反らせた体を左右にリズミカルに振ったり、上げた尾羽をピクつかせたりしてころあいを見計らうようにしてミラーに体当たりでつつきかかり翼をバタつかせています。落ちそうになるとまたアーム部分に止まって体勢をたて直し、同じ攻撃を繰り返して一時もじっとしていません。逆光で羽毛の色などはよく見えませんが、その独特の姿形のシルエットや動作からしてどうもスズメのようです。スズメはなわばり意識があまり強いようにはみられていませんが、それでもいつかこのような行動が見られるのではないかとひそかに期待していました、ついにそれが実現したようです。

　このような新知見については証拠になる写真をきちんと撮っておくことが大事です。驚かせて逃げないようにゆっくり細心の注意を払いながら車を近づけると、やはりスズメに間違いありませんでした。少しでも大きく鮮明に撮影しようとの思いから欲張って近づき過ぎ、持ち合わせの四〇〇ミリ望遠レンズではピントが合わなくなってしまいました。スズメはミラーに映っている自分の姿に気を取られているようで、すぐ逃げ出す気配はなさそうです。せっかく近づけた車を少しバックさせることにします。もうこれくらいでいいだろうと前方を向き直すと、なんと軽トラックがやって来ていてまずいことになりました。急いで撮影にかかりましたがピントを合わせる間もなく飛び去られてしまいがっかりです。

　二羽連れでしたので番《つがい》でしょうか。仮にそうだとしても今は秋、なわばり意識が強まる繁殖期ではありません。堤防の内側にある人家周辺のまだ稲刈りが済んでいない稲田にはスズメが大群をなしています。人家の屋根にも数羽いますが、稲田の群れとは別行動しているようです。飛び去った先をはっきり見届けたわけではありませんが、屋根にいる群れにどうやら紛れ込んだようです。

このところ春をも思わせる陽気で、サクラの狂い咲きが新聞やテレビでも話題になっていることから、スズメも春と錯覚してなわばり意識を強めたのかもしれません。とにかくあれだけドアミラーに執着していたのですから、またきっと帰って来るに違いないと思いしばらく待ってみることにしました。…と、案の定、一〇分もたたないうちに、いつの間に帰って来たのか先のトラックの荷台の縁に二羽並んで止まっているではありませんか、先の二羽に違いありません。いつドアミラーにやって来るかと固唾を呑んで見守っていると、予想どおり一羽が飛んでドアミラーの上にやって来ました。と、残る一羽も後を追うようにやって来てミラーのアーム部分に止まりました。アーム部分に二羽並んだ、と思うや、先に来たのがすぐミラーに体当たりでつつきかかりました。今度は妨害もなくて余裕をもって撮影できてホッとしました。好天に誘われての外出での思わぬ収穫でした。

カーブミラー——熊本市西部にある金峰山（六六五㍍）を中央火口丘とする複式火山の西山は、夏目漱石の小説『草枕』の舞台になっていることでも知られ、熊本市民にとっての格好の自然探勝の場であり、金峰山県立公園にもなっています。北外輪山内壁の中腹を通る主要地方道の熊本玉名線では追分バス停を過ぎると集落はとぎれて一面ミカン畑となります。

と、道路前方左側のカーブミラーに小鳥が一羽しきりに飛びかかっているのに気づきました。小鳥の種類を確認しようとスピードをゆるめてゆっくり近づくと、なんとスズメでした。カーブミラーはミカン畑の作業道との交差地点に設置されていて、道路の左脇は広くて車を止めるには好

カーブミラーに映った己の像を攻撃する
2003年３月29日　熊本市河内町で

トラックのドアミラーに映った自分たちの像を攻撃するスズメ夫婦
1995年11月５日　熊本市海路口町で

都合です。カーブミラーの前二㍍ばかりの場所に何かの工事のときに臨時に立てたとみられる電柱があり、その途中に取り付けられた配電ボックスのようなものの上からカーブミラーに映った己の像をなわばりへの侵入者と錯覚して追い払おうとしているのです。気迫十分でカーブミラーに勢いよく体当たりして摑みかかろうとしますが、羽ばたきながらミラー面にそってずり落ち下縁に爪がかかってやっと体を支え止めるといった状態で、呼吸をととのえると配電ボックス上に舞い戻り、仕切り直して再挑戦ということを何度も繰り返しています。ミラー内の像に気をとられていて私の存在など眼中になさそうです。今回は妨害されることもなく、証拠になる写真も余裕をもって撮ることができました。

それにしても周囲はミカン畑で人家はなく、なぜこんな場所にスズメがいてこんなことをしているのでしょうか。よく見るとカーブミラーの裏側にあるヒノキにもう一羽いて、これら一連の行動をじっと見守っているようでした。たぶん連れ合いで、雌でしょう。そうだとカーブミラーにつつきかかっているのは雄で、雌を奪われないようにと必死だったのでしょう。しばらくすると疲れて断念したのか、それとも真相に気づいたのか、飛んで道路を横断するとコンクリートブロック壁の水抜き穴に二羽とも相次いで入っていきました。なんと水抜き穴に二羽で巣造りしていたのです。これで行動のわけは理解できましたが、しかし、なぜこんな人家もない場所に営巣かという疑問は残ります。もしかしたらこれはスズメが人間生活に密着して生きるようになる以前に先祖がえりした生態を呈しているのかもしれません。いずれにせよ珍しい行動が見られ、しかも撮影もできて幸運でした。

## 営巣場所の条件

番《つがい》が形成されると次はいよいよ育雛ですが、それにはまず巣造りに適当な場所を探さなければなりません。スズメは今日、実にいろんな場所に営巣していますが、一口で言うとそのほとんどが人家の屋根瓦下をはじめとする人工建造物の隙間ということです。それではそれ以前にはどんな場所に営巣していたのだろうかという疑問が生じますが、そのことについてはまた後で詳しく検討することにします。

育雛のための営巣場所の選定は重要で番でしますが、最終的な決定権は雌にあるようです。番で一緒にいると雌がやや小さくて区別でき、適当そうな隙間を見つけると、まず雌が安全を確認した後ですっと入っていき、雄もちょっと間をおいた後で入っていきます。このような行動を何度も繰り返しながら品定めして、気に入った場所が見つかると巣材を運び込み始めます。営巣には人家でも空き家ではだめで、人が住んでいないといけません。スズメにとって人は怖い存在でしょうが、自然界には人よりもさらに怖いハシブトガラスやハシボソガラスといった大型のカラスをはじめ小型や中型のタカやハヤブサの仲間、それに小鳥のモズなどまで天敵が多く、それで苦肉の策として寄らば大樹の陰とばかりに地球上最強の覇者である人の懐に飛び込んでその威を借りて営巣する戦略をとっているのです。つまり人を用心棒代わりに利用して育雛しているのです。それで人の出入りが必要で、それもなるだけ多いほうが良いのです。しかも、それがスズメなどには無関心な人だったら最高ということになります。このような条件を満たす場所としては神社や仏閣、学校などの公共施設があります。これらの建造物は一般の人家より高さがあってより安全であることからなかば集団的に営巣することもあります。

奈良の法隆寺ではかつてスズメが屋根瓦の隙間のいたるところに燃えやすい枯れ草や藁屑を大量に詰め込んで巣造りするので、国宝を火災から守るために毎年六月頃になると坊さんたちが屋根に上がって巣の撤去作業をしていました。季節の話題としてテレビでも放送していましたが、お寺さんがこんな残酷なことをしてよいのかとか、また時期が狩猟期間ではないということで問題になり、新聞にも大きく取り上げられるなどして中止になったということもあります。

石灯籠を物色するスズメたち
2000年２月11日　熊本市美登里町で

竹竿の穴を物色するスズメ夫婦
1995年11月12日　熊本市海路口町で

電柱の穴を物色するスズメ夫婦
1998年５月23日　熊本市川口町で

カーブミラーの鉄製支柱の穴を物色するスズメ夫婦
1997年５月10日　熊本県阿蘇郡産山村で

左上　神社建築は複雑で凹凸も多く、営巣に都合が良い
2005年４月29日　熊本市御幸木部町の木部神社で

右中　コンクリートブロック壁の水抜き穴を物色するスズメ夫婦
2003年３月30日　熊本市河内町で

左中　コンクリート壁の水抜き穴を物色するスズメたち
1996年12月８日　鹿児島県出水市高尾野町で

下　集団的に営巣しているスズメ
2004年６月18日
熊本県阿蘇郡西原村の俵山交流館萌の里で

## 巣造り

営巣場所が決まるといよいよ巣造りです。人家の屋根ですと、瓦葺きでは雨樋のすぐ上にある軒先瓦が重なり合う下にできる三角形の隙間がよく利用され、〝雀口〟と呼ばれています。そのほか棟瓦両端の下側や鬼瓦の口内などもよく利用されています。『蜻蛉日記』の「屋の上をながむれば、すくふ雀ども、瓦の下を出で入りさへずる」の一文から、天禄三年（九七二年）にはスズメが既に屋根瓦下に営巣していたらしいことがうかがえます。また、聖歌の「瓦の中のひとり住みのスズメ（イエスズメか?）のように…」の一節から、外国では日本よりはるかに古く、イスラエルの二代目ダビデ王の治世（BC一〇一〇～BC九七一年）に首都エルサレムでは既に屋根瓦下に営巣していたらしいことがうかがえます。瓦は日本へは飛鳥時代に仏教とともに中国経由で伝来したとされ、『日本書紀』（七二〇年）に、崇峻天皇元年（五八八年）に百済からの技術者によって法興寺（飛鳥寺）に使用されたとあり、これが日本最初の瓦葺き屋根とみられています。瓦葺き屋根は、古代には寺院や役所（国衙や郡衙など）に限られていて、一般の人家にも使用されるようになったのは江戸時代半ば（一七二〇年）以降で、それ以前は茅や藁葺き屋根でした。現在では文化財的な神社や仏閣、古民家など以外ではほとんど見られなくなっていますが、昭和三十年代までは農山村ではそう珍しくありませんでした。古くなった屋根の茅や藁を引き抜いて穴を開けて営巣するのですが、一つ屋根になかば集団的に営巣して、まるで南西アフリカのシャカイハタオリドリ *Philetarius socius* の木に造られた何世代にもわたって一世紀以上も使用されるという数百キロもある巨大な巣をも連想させるような光景も見られたものです。

雀口の巣に餌を運び込む
2000年４月23日
熊本県玉名郡和水町で

鬼瓦に営巣
2000年７月２日
熊本県天草市五和町の鬼の城公園で

棟先瓦下に営巣
2002年４月16日
熊本市春日で

巣材には藁屑のようなイネ科植物の枯れた葉や茎、細根のほか樹皮や羽毛、イヌやネコ、あるいは人の抜け毛、さらには糸屑や毛糸といった人間生活から吐き出されるものまで多種多様で、しかも多量に使われます。巣の内側の産座にはかつてはもっぱらニワトリの羽毛が敷かれていましたが、ニワトリを飼う家庭が少なくなった現在はドバトやキジバト、あるいはヒヨドリなどの羽毛に様がわりしていて時代と世相が反映されています。巣材には乾燥したものが多く使用されますが、ときには生々しい青葉を運んで来ることもあります。巣は営巣場所の広さにもよりますが、体の大きさの割には大きく、完成までには一〇日間くらいかかります。

巣造りも営巣の場所探しと同じように雌雄でしますが、やはり雌が中心で、巣材運びは抱卵期末までだらだらと続きます。一年間に二回、ときには三回も育雛することがありますが、二回め以降の育雛での巣材運びは雄が中心になっています。

茅葺き屋根に営巣
2002年４月９日　熊本県宇土市笹原町で

巣材の運び込みは大変慎重です。それは大事な巣の在処を気取られないためで、人に見られていることに気づくと、巣材をくわえていてもなかなか巣造りしている場所に入っていきません。巣材をくわえたままその場にじっと石のように固まった状態になったり、あるいはとんでもない方向に一時的に飛び去ったりしてフェイントをかけ、人目を盗んで素早く運び込んでいます。しかし、そんなに用心深くて警戒心も強いのに、一方では巣材の長い藁屑などが巣の入口から外にいつまでも垂れ下がったりしていてもさほど気にしないようで、その矛盾はちょっと理解し難いところです。巣造りは、育雛のために三月になると始まり五月下旬頃まで普通に見られます。しかし、秋にも一時的に見られることがあります。稲刈りが済み、稲田から大群が見られなくなる十一月上旬頃の良く晴れた小春《こはる》日和《びより》の日などに巣材運びが見られることがあります。これはサクラの狂い咲きのようなもので、育雛に直接結び付くことはありません。

**青葉入れ**

巣内に青葉を入れるのは、ワシやタカなどの猛禽類をはじめ、小鳥でもスズメのほかニュウナイスズメ・ムクドリ・コムクドリ・シジュウカラなどでも知られています。その理由はよく分かっていませんが、巣内に湿気を与え、同時に蒸散による冷却効果や発散するフィトンチッドなどによる殺菌効果などの利点が考えられます。

小鳥では主に雄が造巣期にヨモギやカラマツなどの青葉を運び込むことから、雌の発情を高揚させる効果があるのではないかともみられていますが、スズメに近縁のニュウナイスズメでは雌も青葉運びをし、しかも造巣期だけでなく、産卵・抱卵期まで続けられ、造巣期には巣の底に、産卵、抱卵期には卵の脇に置かれているのが観察されています。巣への青葉入れの意味はいまひとつはっきりしません。

## 営巣場所の多様化

スズメの巣といえば、私の子供の頃には人家の屋根瓦下の隙間と相場が決まっていて雀口などという用語もあったことは先述のとおりです。江戸時代の図解百科辞典『和漢三才図会』(寺島良安編、一七一二年)には人家の軒《のき》瓦の間にすみ宿るから瓦雀(がじゃく)ともいう、と記されているほどです。しかし、現在は建築様式が変化して、一般の人家でも瓦を使用しない屋根が多くなっています。また、たとえ瓦が使用されていても雀口のような隙間ができない形状のものが多くなっています。

しかし、そこは賢くて適応力に優れたたくましいスズメのことで、人目が多く、人からも簡単に取られない隙間であればよいわけで、なにも人家の屋根瓦下の隙間にこだわる必要はありません。そのような条件を満たす隙間は人家周辺にはけっこうあって郵便受けでの営巣例もありますし、巣箱などもよく利用します。街中では意外な場所でスズメの巣を見つけることがよくあります。

トランペットスピーカー内で育雛
2000年４月30日　熊本市動植物園で

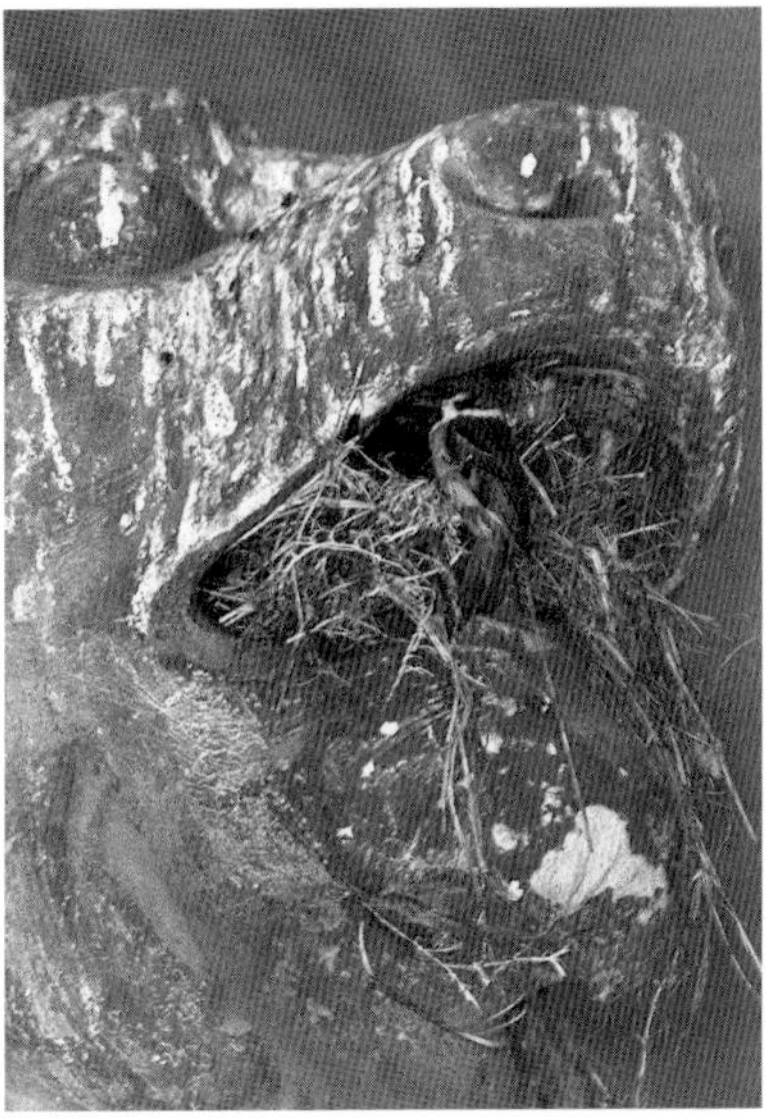

コンクリート製狛犬の口内で育雛
1981年６月21日　熊本市花園の本妙寺で

金属製電柱の穴に営巣
1999年11月７日　熊本市沖新町で

干したトウキビ上の巣で育雛
2000年５月５日　熊本県阿蘇郡南阿蘇村で

信号機に営巣
2003年 4 月16日　熊本市画図町で

信号機に営巣
2003年 4 月22日　熊本市画図町で

信号機の端子函に営巣
2003年 4 月17日　熊本市画図町で

金属パイプに営巣
2005年 7 月25日　熊本市細工町で

## 巣の害

営巣場所が多様化する中で、思わぬ事故が発生したり支障を来したりすることも生じています。人家でも雨樋や煙突に営巣すると、排水や排煙が悪くなります。特に煙突の排煙が悪くなると不完全燃焼になり一酸化炭素が発生して大変危険です。

平成元年三月六日に熊本市にある熊本県営江津団地で、都市ガスを使った家庭用風呂の直径一〇センチメートルほどの煙突にスズメが営巣したために排煙が逆流して浴室内に充満し、一酸化炭素中毒によって入浴中の子供二人が死亡し、母親も意識不明の重体で入院するという痛ましい事故が発生しました。通産省によると同様の事故はこれ以前にも相次いで発生したため、昭和六十二年（一九八七年）に「ガス事業法施行規則」が改定されて煙突式のガス風呂では煙突の先端部分に防鳥網を取り付けることが義務づけられることになりましたが、県営江津団地ではそれ以前に設置されていたので新法の適用外だったという。スズメにはなんの悪気もありませんが、とんだ迷惑です。

このほかにも、平成元年七月二十六日付の朝日新聞によると、青森市滝沢で電話の雑音がひどいとの苦情が続出したのでＮＴＴ青森支店が原因を調べたところ、電柱近くの端子函にスズメが営巣したためだったという。スズメの旺盛なフロンティア精神による行動はときにこのようなトラブルも発生させています。

# 「巣の歴史」考

鳥の巣は、生命を引き継ぐために親鳥によって造られる重要な育雛施設で、形状や大きさ、材

ガス風呂の煙突で余熱に浴するスズメ。煙突内に営巣すると不完全燃焼して危険。1984年10月28日　熊本市春日で

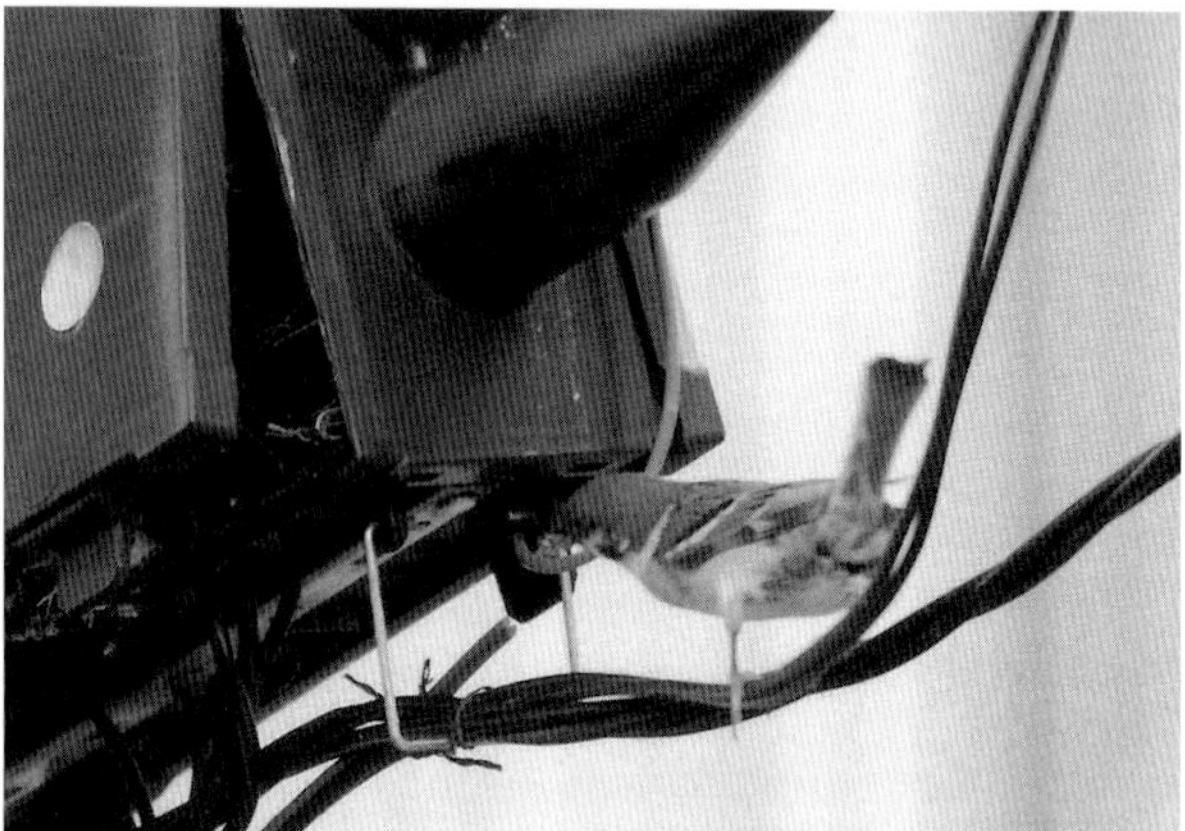

電話線の端子函内で育雛
2009年４月21日　熊本市春日で

料、造られる場所などは鳥の種類ごとに大体決まっていますが、スズメの巣ほど外観の形状や大きさ、それに造る場所も変化に富んでいるのは珍しいことです。そのためか「スズメの巣」といえば、まとまりのない粗雑な様の代表として、寝起きの乱れた髪の形容などにされています。しかし、現在のスズメの巣は、先述のようにそのほとんどが人家の屋根瓦下をはじめとする人工建造物の隙間に造られていて直接人目にふれることは少ないのにどうしてそのようにみられるようになったのでしょうか。また、スズメがこともあろうに鳥類きっての巧妙で精巧な巣造り名手ぞろいで知られるハタオリドリ科に分類されているのもちょっと意外な気がします。

スズメ本来の巣とはどのようなものでしょうか。つまり、人が農耕を始めて家を建てて定住生活する以前のまだ洞窟などを家代わりにして遊動的狩猟採集を中心とした生活をしていたころには、スズメはどんな場所にどんな形状、大きさの巣を造っていたのでしょうか。そういった疑問に対する解答はきっと現在のスズメの巣造りのなかに秘められているはずです。スズメに限らず、動物は一般に厳しい状況下ではときに、俗に「先祖がえり」と呼ばれる行動を見せることがあります。巣については、過密で営巣場所が不足した場合などがそれで、そのような状況下ではつい先祖がやっていた行動が再現されることがあるのです。

それで、私のこれまでのスズメの巣についての観察記録を整理して、先祖がえりによる営巣とみられる自然物への営巣事例を拾い出し、スズメの巣の歴史について考察してみることにします。

木の茂みに球形の巣を――アンリ・ファーブルは『昆虫記』でスズメの巣のルーツにも触れていて、家のプラタナスの小枝に一二年間に一度だけ造られたという横に入口がある大きな球形のスズメの巣を見て、パレスチナにまだラクダの毛のテントしかなかったとき、スズメはおそらくこのような巣を造っていただろうと書いています。

私もかつて初任の熊本県球磨郡相良村立相良南中学校に勤務していたときに木の茂みに造られたスズメの巣をいくつも見たことがあります。学校はダム建設問題が話題になっている清流、川辺川の下流右岸にある鳥越丘の中腹にあって、その名にふさわしく学校周辺には野鳥の種類、個体数ともに多く、スズメもたくさんいました。赴任した昭和三十八年（一九六三年）当時の校舎はまだ木造平屋建てで、スズメは校舎の屋根はもちろんのこと、校庭のコノテガシワやナワシログミなどの茂みにも巣を造っていました。熊本市内で生まれ育った私はスズメの巣は屋根瓦下の隙間に造られるものとばかり思い込んでいましたので意外で珍しく思いました。しかし、地元出身の同僚教師から当地ではスズメが木に巣を造るのは珍しいことではないと教えられ、それまでの認識を改めさせられたものです。木に造られたスズメの巣は、教えられたとおり校内だけでなく校外でも見られました。

昭和四十四年（一九六九年）四月二十四日、家庭訪問で、校区の南部、川辺川が日本三急流の一つである球磨川に合流する地点から約一・五キロメートルほど下流の球磨川右岸にある柳瀬十島の集落を訪れたときも、訪問先の庭にあるシキミの茂みにスズメの巣が造られていました。胸高円周が五〇センチメートルほどの幹は途中で一度切られていて、その部分から蘖《ひこばえ》（孫生）のように何本もの枝が出て茂っており、巣はその茂った樹冠部にあって、大きな藁屑の塊といった感じでした。なんでも一か月くらい前から造り始めたそうで、保護者の説明を聞いていると、ニワトリの羽をそれぞれにくわえたスズメが二羽連れで帰って来て、藁屑の塊に姿を消しました。枝葉がよく茂っていて入口がどこにあるのか下からでは分りません。家庭訪問の用件が済むと、梯子を借りて親鳥の留守中を見計らって登ってみました。

巣は、地上約三・五メートルの高さにあって、多くの枝に囲まれ支えられるようにして造られていました。多量の藁屑や枯れ草などで造られていて全体としては丸っこい感じで、直径は約二五センチメートルほどあってスズメの体の大きさからしてずいぶん大きな巣を造るものです。入口は側面上方にあって直径は五・五センチメートルほどで、奥行きは一六センチメートルほどあり、内部には多量のニワトリの羽毛が敷き詰められていました。そして卵が二個入っていました。まだ産卵の途中のようで、親鳥を驚かさないように帰って来る前に急いで梯子を下りました。

このことが生徒間で話題になったのか、四日後の二十八日にもまた新たな情報がもたらされました。同じ柳瀬の新村集落からで、家庭訪問のついでに案内してもらいました。人家のマサキの生け垣にミツバアケビがからまって茂っており、スズメの巣はその茂みの中にあって手が届きそうな高さです。やはり全体は丸っこい感じで入口は側面上方にあってほぼ完成に近い状態でした。

この二つの巣に共通しているのは、どちらも多量の藁屑などのイネ科植物の枯れた葉や茎、細根などで造られていて、全体が丸っこくて入口が側面上方にある屋根付きということです。ハタオリドリの巣のように形は整っていませんが、基本的な構造は共通していてスズメがハタオリドリ科に分類されているのもうなずけます。

鳥の巣は、お椀形からセミドーム形へと進化し、さらに完全なドーム形になったのがハタオリ

シキミの茂みに造られたスズメの巣　1969年４月26日　熊本県球磨郡相良村で

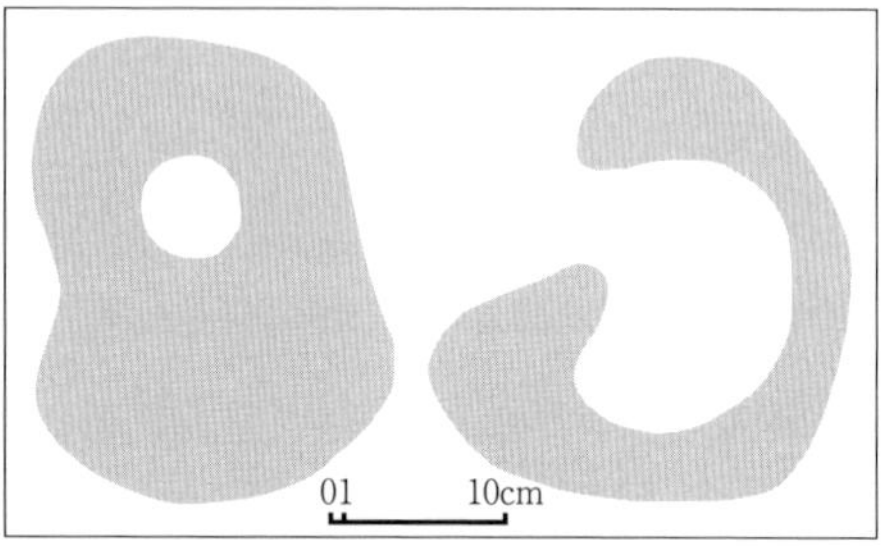


写真（上）の巣の構造図
正面（左）と縦断面（右）

ドリの仲間の巣で、巣を編む方向に凝っていったのが真性のハタオリドリで、巣を多数集合させたのが社会性のハタオリドリだといわれています。そうだとすれば、スズメの巣はセミドーム形から派生して完全なドーム形へ向かう進化の中間点に位置しているといえそうです。

ヤシの木に——JR熊本駅前のバス・ターミナルには、高さ約九メートル、胸高円周二・二メートルほどの大きなカナリーヤシが一本あり、緑濃い長大な羽状複葉を四方に広げて南国情緒を醸《かも》しています。根元にある石碑の文面から一九五九年に植栽されたようです。通常播種後四、五年で露地植えされますので、樹令は四五年以上でしょう。枯れて古くなった葉は付け根部分からきれいに剪定されていて、まるでパイナップルのような形をしています。その切り残された葉柄部分の隙間や朽ちてできた空洞にスズメ数番が巣を造って育雛していて、まるでスズメのマンションといった感じになっています。周囲はコンクリートのビルばかりで、スズメが営巣できるような場所はなく、スズメにとって格好の集団営巣の場所となっています。また、このカナリーヤシは繁殖期以外にも、隣接の大きなクスとともにスズメの集団就塒場にもなっていて、一年をとおしてこの地域にすむスズメたちの拠となっています。また、スズメのほかにキジバトも青葉の部分に一番が営巣しています。

一方、熊本市動植物園では、高いワシントニアヤシ（イトヤシ）にスズメが営巣しています。ワシントニアヤシは、広い扇状の葉の先端部が裂けて白い糸状になって垂れることから別名イトヤシとも呼ばれています。葉柄は長くて付け根部分が広く、しかも交叉するように付いていますので、葉柄の付け根部分にはスズメが営巣するのにほどよい広さの安定した隙間ができているので

カナリーヤシに営巣して餌を運び込むスズメ夫婦
2000年５月27日　ＪＲ熊本駅前で

ワシントニアヤシに営巣するスズメ夫婦
2000年４月２日　熊本市動植物園で

ワシントニアヤシの幹にキツツキふうに止まるスズメ
2010年３月28日　熊本市動植物園で

す。動植物園ですので餌も豊富で、草食動物の飼料をつまみ食いしながらここでもなかば集団的に営巣しています。

カナリーヤシとワシントニアヤシは、ヤシ科植物の中での大きさはどちらも横綱格で、日本では昭和三十年（一九五五年）代頃から植栽されていて、街中のものはスズメにとっては格好の新しい営巣場所となっています。アフリカのサバンナあたりが故郷とみられるスズメにはよく似合った営巣風景といえそうです。

樹洞に――昭和四十四年（一九六九年）四月十三日、相良村川辺松馬場の川辺川左岸の河畔林にあるハシボソガラスの巣を見に行くのに人家横の小道を歩いていると道脇の大きなヤブツバキから突然シジュウカラが一羽飛び出ました。もしかしてと周囲を見まわしますと、ゴミ捨て場脇の枯れた木の地上約四メートルほどのところに適当な大きさの穴が二つ縦に約二〇センチメートル間隔であり、下の穴の入口には鳥の羽毛らしいものが付着しているではありませんか。穴は二つともだいぶ古そうで、形や大きさからして、おそらくこのあたりにいるアオゲラが穿った古巣穴でしょう。シジュウカラは、たぶんここから飛び出たのでしょう。雛がいるならすぐ帰って来るでしょうからしばらく待ってみることにしました。

しかし、シジュウカラはおろか周囲には鳥の気配はなく静まりかえっています。見当が外れたかもしれないと諦めかけていると、突然スズメの鳴き声が騒々しくなり、私が身を潜めているすぐ前のヤブツバキに数羽がやって来ました。そこでもしばらく鳴き騒いでいましたが、突然鳴きやんで急に静かになった、と、次の瞬間に例の樹洞の入口に何かが止まりました。目を凝らすと

巣穴に止まるアオゲラ
1968年５月13日　熊本県球磨郡相良村で

アオゲラの古巣穴？に営巣
1969年４月13日　熊本県球磨郡相良村で

写真（上）のアオゲラの巣穴の構造図
正面（左）と縦断面（右）

樹洞に巣材を運ぶスズメ
（アラブ首長国連邦シャルジャ発行の郵便切手）

なんのことはありません、樹洞の入口にキツツキふうに止まっているのはシジュウカラではなくて藁屑をくわえたスズメでした。どうやら巣造りの最中らしく、藁屑やニワトリの羽毛などをせっせと運び込んでいました。シジュウカラの営巣は確認できませんでしたが、スズメの思わぬ場所での営巣が見られて待っただけのかいはありました。

　このほかにも翌、昭和四十五年（一九七〇年）六月九日には、熊本市の交通センター前にある花畑公園の大クスにある天然の樹洞に営巣して育雛しているのも見ました。日本ではスズメが樹洞に営巣するのはあまり一般的ではありませんが、ヨーロッパでは英名のTree《ツリー》 Sparrow《・スパロウ》（木に巣くうスズメの意）や学名の***Passer*《パッサー》 *montanus*《モンタヌス》**（山にすむスズメの意）そのままに、ちょうど日本のニュウナイスズメのように山林にすんで、主に樹洞に営巣しているのです。主な営巣場所がこのように洋の東西で異なるのは興味深いことです。

　余談になりますが、スズメは、シジュウカラのように洞巣性というわけではありませんが、樹洞に営巣することがあるくらいですから巣箱もよく利用します。入口の直径が二・八センチメートルですとシジュウカラしか入れませんが三センチメートルあるとスズメも利用できます。

　カワセミの仲間の古巣穴に――初任校の相良南中学校裏手の西側には、同校の校歌にも出てくる瀬戸堤に面して南向きの日当たりの良い高さ一五メートル、幅三八メートルほどのシラスの崖があって、その崖にカワセミとヤマセミが横穴を掘って営巣していました。シラス（白砂）は、現在の鹿児島（錦江）湾を形成する姶良《あいら》火山がおよそ二万五〇〇〇年前に噴火したときの非溶結の入戸火砕流堆積物で、南九州一円に広く分布しています。その名のように白い砂状でサラサラしていて穴を掘

ヤマセミの古巣穴に営巣して雛の糞を運び出す
1969年５月11日　熊本県球磨郡相良村で

ヤマセミとその巣穴
1967年５月14日　熊本県球磨郡相良村で

写真（右上）のヤマセミの巣穴の構造図
正面（左）と縦断面（右）

るのも簡単です。ヤマセミは古巣穴を再使用することもありますが、カワセミは毎年新しい巣穴を掘りますので使用済みの古巣穴がいくつもあります。

　これらの古巣穴は、風雨の心配もなく、ヘビなどの天敵も近寄れませんので先述の樹洞などより安全です。そんな良い営巣場所を賢いスズメが見逃すはずはなく、宿主のカワセミやヤマセミの雛が巣立つのを待っていましたとばかりに藁屑やニワトリの羽毛などを運び込んで巣造りするのが観察されます。カワセミの古巣穴でのスズメの営巣は、この場所より南方の柳瀬蓑毛のシラスの崖でも昭和四十四年（一九六九年）五月二十日に見ました。

　なお、余談になりますが、ヤマセミの巣穴は大きいので、アオバズクが昭和四十四年（一九六九年）と四十五年（一九七〇年）に二年連続して営巣したこともあります。

岩壁の隙間に営巣するスズメ夫婦
2006年４月28日　熊本県阿蘇市の阿蘇火山博物館で

　溶岩壁の隙間に——阿蘇火山博物館を久しぶりに訪ねたときのことです。まだ山上広場一画の二階にあった当時から鳥類関係の展示に携わってきた思い出も多い博物館で、現在は草千里の北側の一画に移っています。草千里は火口跡で、広いシバ草原では牛馬がのんびり草を食べたり休んだりしていて阿蘇ならではの光景です。
　博物館の入口に向かっていると、左（西）側の溶結火砕岩のブロックを張り付けた外壁の隙間にスズメが一羽飛び込みました。呆気にとられていると、また一羽が枯れ草をくわえて飛んで来て同じ隙間に入っていきました。巣造りしているのです。人工的にできた隙間とはいえ野性味溢れる光景につい太古のスズメの巣造りの様子を想像して重ねて見入ってしまいました。溶結火砕岩は赤褐色の地に黒い縞模様があってスズメの羽色に似ており、目立たなくてスズメにとっては好都合のようです。

なお余談になりますが、外壁の溶結火砕岩は、一見、阿蘇カルデラ形成時の噴火での阿蘇溶結凝灰岩（阿蘇の灰石）に似て見えますが、およそ三万年前の草千里ヶ浜火山の噴火での産物で、溶結凝灰岩同様に多孔質で通気性があり保温性もありそうです。

トビの巣に――相良南中学校区には一番しかいないトビの巣を生徒がついに見つけてくれました。学校の北側は広い丘陵地で、その一部に球磨酪農育成牧場があり、その牧場の一画に取り残されたような雑木林に覆われた谷があります。巣はその谷の雑木林のアカマツにありました。巣は丘陵上からだとほぼ水平位置に見え、巣内の観察には好都合です。牧場主の許可を得て観察用のブラインドを設置させてもらいました。

親鳥を警戒させないように独りで日曜日にブラインドに入って観察を始めますと、スズメの鳴き声がして、次の瞬間にはなんとトビの巣上に二羽が止まっていました。トビは不在でしたが、それがトビの巣であることをちゃんと認識してのことでしょうか。何をしにやって来たのだろうかと思って見ていると、なんと外巣部分の枯れ枝の隙間に巣造りしていたのです。トビに限らず猛禽類は巣の近くでは卵や雛を守るために接近するものに対しては強い攻撃性を発揮しますが、

トビの巣に営巣するスズメ夫婦
1971年4月1日　熊本県球磨郡相良村で

トビとスズメ
一見、無謀な接近に見えますが、トビの習性を熟知してのことで心配ないようです。
1992年1月7日　鹿児島県出水市高尾野町で

巣に帰って来た宿主のトビ
1971年4月1日　熊本県球磨郡相良村で

狩猟本能は触発されないようになっているとか。スズメもきっとそのことを知っているのでしょう。それにしても逆転の発想による名案には脱帽です。

野鳥の鳴き声録音の第一人者として知られる蒲谷鶴彦氏も同様の光景を目にされているようです。山階鳥類研究所の創設者で日本鳥学会の名誉会頭でもあった山階芳麿氏の逝去を悼む日本鳥学会誌の追悼特集号（一九八九年六月）に、故人との思い出の一つとして、渋谷の南平台にある山階邸を訪れた際「お屋敷の松の大木に造られたトビの巣の外側にスズメが巣を造っていたのが忘れられない」と書かれています。

スズメはトビの巣のほかにも、サシバやハチクマ・オオタカ・ツミなどの巣への営巣も知られていて、平成三年六月二十五日には山口県徳山市にある菅野ダムでは橋桁の鉄骨にある同じ穴にアオバズクとスズメが一緒に営巣している写真も撮られています。また、外国では近縁のイエスズメのミサゴ（タカの一種）の巣への営巣例の報告もあります。これらはいずれも大変危険な賭けのように思え、本当に大丈夫なのでしょうか。

アオサギの巣に――私がスズメの巣に関心があることを知っている鳥友のNさんが「アオサギの巣にスズメが巣を造っている」とわざわざ電話で知らせてくれました。ありがたいことです。何度も行っている場所でしたので、さっそく次の土曜日（平成九年四月十二日）の午後に訪ねてみました。

熊本市美登里町の緑川と加勢川に挟まれた中洲状の場所には前々から鷺山（サギの集団営巣地）があり、平成四年からはシラサギの仲間やゴイサギに加えて新たにアオサギも営巣するようにな

アオサギの巣に営巣するスズメ夫婦
1997年４月13日　熊本市美登里町で

りました。前年の三月に鷺山を二分するようにほぼ中央部に設けられた仕切りのフェンスから下流側へ、一、二、三本め…と数えていると、突然スズメが藁屑のようなものをくわえて飛んで来てアオサギの巣の外側の枯れ枝の隙間にちゅうちょすることなく入っていきました。と、それに続くようにもう一羽やって来て、同じ隙間に入っていきましたが、それは何もくわえていませんでした。そういうわけで目的のアオサギの巣は難なく見つけることができました。

しばらくすると入っていった同じ隙間から二羽とも次々に出て来ましたが、もう二羽とも何もくわえておらず、ちょっと周囲の様子をうかがうようにして、すぐまた連れ立つように次々と飛んで行きました。と、五分もすると、また巣材をくわえて二羽で帰って来て前と同じ隙間に入っていきました。巣造りの最中らしく、同様の行動を何度も繰り返していました。三〇メートルばかり離れた堤防上の草かげから観察していましたが、私を気にしているふうでもなく普通に行動しているようでした。

アオサギの巣には親鳥がいましたが、その体の沈み具合からして、巣内にはまだ卵か、雛が孵っていたとしてもまだ小さいようです。近隣の巣では既にコサギ大に成長した雛も見られることからこの巣では少し遅いようです。腹の下でスズメにガサゴソされて気味悪くないのでしょうか。別に気にしているようでも迷惑がっているふうでもなく、体を深く沈めるようにして身動きひとつせずにじっとしています。

アオサギは、日本産のサギの仲間では最も大きくて、ときにはツルの仲間と間違われるほどの大きさがあります。その長大な嘴はかなりの武器にもなりそうで、天敵もそういないでしょう。寄らば大樹の陰とばかりに虎の威を借りるような繁殖戦略を目指すスズメにとってはトビもアオサギも、あるいは人だって同じなのでしょう。

スズメバチの古巣に――先述の木に造られた巣も見ての家庭訪問を終えて帰りかけていると、地元では〝十島の天神さん〟の名で親しまれている菅原道真を祀った十島菅原神社の境内で遊んでいた受け持ちの生徒たちに呼び止められました。なんでもここの本殿の庇下にある大きなハチの巣にスズメが巣を造っているというのです。それでさっそくその場所へ案内してもらいました。

拝殿の横を通って本殿に向かいます。弘安年中（一二七八～八八年）の創建と伝えられる由緒ある神社で、本殿は領主の藤原頼房（相良第二〇代長毎）により天正十七年（一五八九年）に建造されています。なんでも一六世紀の当、人吉・球磨地方の神社建築様式の特徴が集中的に残されている貴重な建造物だそうで、国指定重要文化財（平成六年七月十二日指定）にもなっています。本殿東側の庇下にキイロスズメバチの大きな巣があります。だいぶ古そうで、現在は使っているふうでもなく、壊れかけたところから藁屑がのぞいています。本殿を囲むようにして北側から西側に

キイロスズメバチの古巣に営巣して育雛するスズメ夫婦
1969年4月26日　熊本県球磨郡相良村の十島菅原神社で

かけて池（約一五〇〇平方メートル）があり、大小いくつもの島があります。なんでも島は一〇個あるそうで、それで「十島」の地名が付いたとか。数年前にこの巣のハチが駆除されたときの様子などについての説明を聞いていると、巣から突然スズメが一羽飛び出ました。巣内には雛がいるようで、耳を澄ませると、シリシリと微かな鳴き声が聞こえてきます。キイロスズメバチの巣にスズメの巣とは少々できすぎの組み合わせで落ちまでついているようで、つい微笑んでしまいました。

　スズメバチの毒針の怖さは人だけでなくほかの鳥獣などもきっとよく知っていて巣に近づくのは敬遠するでしょう。そういう理由からか、当、人吉・球磨地方ではスズメバチの使用済みの古巣を魔除けの呪いとして戸口に吊す風習があります。そのような魔除けの呪いに吊されたスズメバチの古巣にもスズメが営巣することがあります。前年の昭和四十三年（一九六八年）五月十七日には、ここよりずっと北方の下川辺の人家の戸口先に魔除けの呪いとして吊り下げられた、やはり同じキイロスズメバチの古巣にスズメが営巣しているのを見ました。

　なんでもアフリカのハタオリドリ科の鳥の中にもスズメバチの巣の近くに営巣するものがいるとか。だとすると、スズメバチの威を借りた繁殖戦略は、スズメに限らず、スズメが属するハタオリドリ科の鳥に広くみられる習性ということでしょうか。

ツバメの仲間の巣に――スズメとツバメは、人が稲作を始めて、家を建てての定住生活をするようになると、どちらも人間生活に接近し、依存した生活をするようになりました。それで営巣などものも、どちらも人家にするようになりました。

私が住んでいる熊本県内で繁殖するツバメの仲間は、ツバメ、コシアカツバメ、イワツバメの三種がいます。ツバメは主に木造の人家に単独で営巣することが多いのに対して、コシアカツバメとイワツバメは主にビル街のコンクリート壁になかば集団的に営巣しています。いずれの巣も土を唾液で固めて造られますが、ツバメの巣は半椀形、コシアカツバメの巣は徳利の縦割り形、イワツバメの巣は入口が広めの壺の縦割り形で、それぞれ形状が少しずつ違っています。いずれの古巣もスズメの営巣に利用されていますが、構造上の密閉度の違いからか、コシアカツバメの古巣の利用率が最も高いようです。

熊本県南部に位置する人吉市内にはコシアカツバメが多く、市街地の旅館や銀行、病院など、コンクリート造りの建物の庇下などにはコシアカツバメの巣がたいてい一つや二つはあります。ことにJR人吉駅前通りに面した建物には多く、一つの建物に二〇個以上もなかば集団的に造られているのが見られます。建築様式の変化で瓦葺き屋根の家が少なくなった現在、コシアカツバメの古巣はスズメにとって格好の営巣場所になっています。コシアカツバメは古巣を補修して再使用することもありますが、コシアカツバメが渡来する時季よりスズメが巣造りを始める時季が早いのでコシアカツバメの古巣の多くがスズメの営巣に利用されています。スズメのコシアカツバメの古巣を利用しての営巣は、なにも人吉市内に限ったことではなく、かなり一般的なことで、昭和四十六年（一九七一年）四月十八日には熊本市役所正面玄関の天井に造られたコシアカツバメの古巣にもスズメが営巣して育雛しているのを見ました。

コシアカツバメの古巣に営巣して育雛するスズメ
1969年5月2日　熊本県人吉市九日町で

　コシアカツバメより体が小さいツバメの巣を利用するときには古巣ばかりでなく使用中の巣を強奪することもあるようです。その具体事例については本書の姉妹本『ツバメのくらし百科』に書いてありますので興味をもたれたらそちらをお読みいただけたらと思います。

　日本人は稲作文化を築いていくなかで、稲の有害虫を食べてくれるツバメとその仲間に対しては誰もが愛鳥家になりました。それに対してスズメは稲穂を食害することがあることから有害鳥と決めつけられて嫌われてきました。しかし、スズメは、人から有益鳥として覚えがめでたいツバメの仲間の古巣をこっそり利用して営巣することで、ツバメの仲間同様に人目によって天敵から守られて安全に育雛しているのです。スズメの着眼点と行動力には感心させられます。

　巣の進化（まとめ）――これら人工建造物以前の自然物への営巣事例からどのような営巣の歴史

が読みとれるでしょうか。スズメの仲間のほかの野性味溢れる巣などからも察して、スズメも当初はおそらく木の枝の茂みに側面に入口があるかなり大きめの球形の巣を造っていたと考えられます。ただ大きくて天敵に目立ったことから、同じ木に営巣するにしても幹にできた天然の樹洞やキツツキの仲間が穿った古巣穴内などに営巣したほうがより安全であることに気づいたようです。さらに穴ならカワセミの仲間が崖地に掘った古巣穴や岩壁の天然の適当な隙間でも同じように安全であることに気づいたようです。これら宿主のキツツキやカワセミの仲間などの洞巣性の鳥の卵は、どれも表面が白くて暗い洞穴内でも見えやすくなっていますが、スズメの卵の表面は淡い灰青白色の地に灰青色や灰褐色の小斑点が全面にあってどちらかというと黒っぽい感じで、暗い洞穴内に適合しているとはいえず、洞穴内への営巣の歴史がまだ新しいことを物語っています。

一方、同じ枝の茂みへの営巣でも、トビやアオサギのような大型鳥の巣の外巣部の枯れ枝の隙間に営巣したほうが天敵が近寄らなくてより安全であることに気づいたようです。つまり、これら宿主のトビやアオサギが用心棒の役割を果たしてくれるからです。ただ、この場合はひとつ間違うと命取りにもなりかねない大きな危険を伴う賭でもあって、用心深くて賢いスズメだから成せる業でした。

このように寄らば大樹の陰とばかりに自然界での強者に寄り添ってその威を借りる繁殖戦略では、相手はなにも鳥類だけに限る必要はありません。それで強力な毒針を有するスズメバチの古巣を利用して営巣するものなども現れました。

そして地上最強の覇者である人が農耕を始めて穀物を栽培し、家を建てて定住生活をするようになると、種子食のスズメは営巣場所だけでなく穀物も求めて人間生活にあやかろうと接近してきました。しかし、人は別の目的で同様に接近するツバメに対するのとは違った対応をしました。つまりツバメは農作物の有害虫を食べてくれる有益鳥として歓待しましたが、一方、スズメは穀物を食害する有害鳥として敬遠したのです。このような両者に対する認識は世界中で広くみられ、古代エジプトの象形文字ヒエログリフ（聖刻文字）ではツバメとスズメは尾羽以外の形はそっくりですが、ツバメ文字は良いや大きいを意味し、スズメ文字は悪いや小さいを意味しています。また、中国の小鳥を代表する単語「燕雀《えんじゃく》」でもツバメを先行させているといったぐあいです。

しかし、そんなことで簡単にめげるスズメではありません。ツバメの古巣をこっそり利用して営巣し、ツバメになりすませて人の目を欺き、あるいは屋根裏にこっそり忍び込んで営巣し、地上最強の威を借りて安全に育雛することに成功したということのようです。つまり、自然界で弱い立場にあるスズメが探し求めてきた最も安全で確実な究極の営巣場所が人家の屋根下をはじめとする人の居住地にある日常生活に密着した人工建造物の隙間だったということのようです。

スズメの巣に限らず、鳥の巣はその構造上から内巣（産座）部と外巣部とに分けられますが、肝心の内巣（産座）部はスズメの巣ではどれも直径が約一〇センチメートルで、使用される巣材もほぼ決まっています。しかし、スズメの外巣部は造られる場所の隙間によって形や大きさが異なり千差万別になります。それでスズメの巣はその外巣部、つまり外観だけからまとまりのない粗雑なものの代表のようにみられてしまったようです。

## 雌の不倫を防ぐ雄

巣の完成も間近で一段落すると、雄は雌に執拗に付きまとうようになります。しかし、まだその気になっていない雌は勝手気ままに行動し、その後を見失うまいと必死に追いかける雄の姿はけなげです。雌が立ち止まると、すぐその周りを、全身の羽毛を大きく膨らませ、気取ったような格好で気ぜわしく歩きまわりながら、ヒヨヒヨヒヨ…と、これがスズメの鳴き声かと思うような甘く優しい声で鳴きながら言い寄ります。雌が移動するとすぐその後を追い、止まるとまた同じことを繰り返します。このようなことを何度も繰り返しているうちに雌もしだいにその気になってくるようで、体を低くして背を反らせ気味にして尾を上げ、下げた両翼の先を小刻みに震わせると受け入れOKの合図です。雄はすかさず雌の背に飛び乗ると羽ばたいてバ

ディスプレイする雄（右）と雌（左）
2000年４月２日　熊本市薄場町で

交尾　ヒヨヒヨヒヨ…と独特の甘い鳴き声で気づかされることが多い。
2000年５月３日　熊本市春日で

ランスをとりながら腰を低めて慎重に尾を交差させた、と思ったらもう飛び下りていて一件落着です。その間ほんの数秒で実にさばさばしています。このような交尾を通常たて続けに三、四回は繰り返します。雌が羽繕いを始めたらもう終わりの合図で、その後は雄がどんなに言い寄っても受け入れてもらえることはありません。それでも一応目的を果たした後で拒否されるのはまだいいほうで、途中で邪魔が入ってだめになることがけっこう多いのです。

交尾は足場が安定した屋根上やテレビアンテナの上など目立つ場所で白昼堂々と行われ、雄のヒヨヒヨ鳴きも小さいがよく聞こえることから野次馬を呼び集めてしまい、妨害されることもけっこう多いのです。雌は野次馬をさほど気にしているふうでもありませんが、雄は神経質になっていて追い払うことに懸命になって後味悪い幕切れになることも多いのです。雄は自分の子(遺伝子コピー)を多く残そうと雌の独占に懸命ですが、雌の立場は雄とは多少異なります。雌にしてみれば一腹卵数(クラッチサイズ)はだいたい決まっていますので、何も特定の雄だけにこだわる必要はないのかもしれません。

イギリスで、近縁のイエスズメ *Passer domesticus* について雄親と雛の血縁関係をDNA鑑定したところ、五三六組のうち七三組(一三・六パーセント)は本当の親子ではないという結果が出たという。従来、イエスズメは一夫一妻制とみられていましたが、実際にはかなりの番外交尾が行われていることが明らかになったのです。イエスズメの種全体からすると一腹雛に遺伝的多様性が得られてけっこうなこととなりそうですが、自分の実の子ではないことに気づかずに懸命に守り育てている雄親の姿は想像するだけで不憫に思えます。人間社会では秩序維持のために配偶者の不貞は離婚要件となっていてペナルティが課せられていますが、鳥社会にはそのような決まりもペナルティもないのです。

日本のスズメも基本は一夫一妻制とみられていますが、過密な繁殖条件下では一夫多妻の繁殖事例も知られています。スズメでの番外交尾についての確証はまだ得られていないようですが、鳥類ではけっして珍しいことではなく、イエスズメ以外の鳥でも知られていますので、スズメでも確認されるのは時間の問題といえそうです。それで雄は、番相手の雌にほかの雄が近寄らないよう、また雌が不倫しないようにまとわりついて監視の目を光らせておく必要があるのです。

## 産卵し、抱卵する

スズメの卵というと、九州ではすぐ褐色の豆菓子〝雀の卵〟を思い浮かべる人も多いと思いますが、実物は色も大きさも全く違います。実物はずっと大きく（二〇×一五ミリメートル、一・九グラム）て、色は淡い灰青白色の地に灰青色や灰褐色の小斑点が全面にあり、斑点模様は同一雌のものでも一個一個みんな異なっています。卵の色や斑点は子宮下部で着色され、最後に産まれる卵（止め卵）は色素が不足するのか色が淡く、すぐそれと分かります。雌が一回の繁殖で産む卵の個数、一腹卵数（クラッチサイズ）は、普通四～六個（三個や八個の例もある）で、一日に一個ずつ毎朝七時くらいまでに産卵します。なお、飼育されているスズメでは、一年間に四〇卵近く産んだという記録もあります。一日の活動を始める前に産卵することで身軽になれて、エネルギーの無駄をなくすことができて合理的です。

空箱に造られたスズメの巣と卵
1969年５月18日
熊本県球磨郡相良村立相良南中学校で

所定の個数を産卵すると、雌雄が協力して抱卵を始めます。抱卵の交代に際しては、これから抱卵するものが巣の外から鳴いて合図をすると、それまで抱卵していたのが出て来て交代となります。朝夕の抱卵時間は雄の方が長いものの、その他の時間帯では雌の方が長く、しかも夜間は雌だけでしますので、一日の抱卵時間の雌雄それぞれの合計は雌一〇対雄一くらいで、雄の抱卵は手伝い程度でしかありません。

「雀百まで踊り忘れぬ」などという諺があるほどいつも活発に動きまわっているスズメにとってじっと抱卵しているのは人からみると辛そうに思えますが、当のスズメにとってはそうでもないようで、むしろ雌などには快感のようです。というのもこの時期の雌の胸から腹にかけての部分には羽毛が抜けて皮膚が露出した抱卵斑ができ、そこには毛細血管が密集していて、部分的に体温が高くなっているからです。それで熱を卵に伝えやすくなっているのですが、その部分に石灰質の冷たい卵の殻が触れるのはむしろ快感ではないかと考えられるのです。かつて一般の家庭でもニワトリが広く飼われていた頃、雌鶏がむやみに卵を抱きたがるときには陶磁器製の擬卵を与えたり、あるいは冷たい地面に腹を触れさせるように浅いたらいなどを被せておくと、そのうちに卵を抱きたがらなくなったものです。スズメもニワトリ同様に体温が上がって卵を抱かずにはいられないという体調になっているのではないかと考えられます。しかし、雄には抱卵斑は生じませんので、抱卵についても雌が主役で、雄は脇役のようです。抱卵し始めてから一二日めに雛が孵化します。

## 育雛

孵化したばかりの雛は、丸裸でグニャグニャしていてまるで薄赤い肉の塊といった感じです。「チュンチュク、チュンチュク、スズメの子。生まれたときは丸裸。耳も聞えず目も見えず、頭ふりふりチュンチュクチュン」の童謡そのままの状態です。体温調節能力がまだありませんので、雛の体温調節能力が備わるまでの約一週間は親鳥が引き続き温め続けることになります。スズメの体温はおよそ四二度で、抱雛も雌雄が協力してしますが、抱卵のとき同様に夜間は雌だけでします。孵化して二、三日するとシ、シ、シ…とかすかな声を発するようになります。じっと耳を澄まさなければ聞こえないくらいのか細い声ですが、それで直接には見ることが困難な屋根瓦下の巣で雛が孵化したことを知ることができます。小林一茶の「青天に産声上る雀かな」です。

孵化後、一週間くらいで目も開きかけ、頭部や背の部分が黒ずんで尾羽の基のようなものも認められ、鳴き声もシリシリシリ…とはっきりした元気の良いものになります。そして、一〇日もすると鳴き声はチリッ、チリッと張りのあるものになります。

雛の成長は早く、体重は羽毛が急に伸び始めるまでの一〇日間くらいは一日に卵一個分にほぼ等しい一・八㌘ぐらいずつ増加します。しかし、羽毛の伸びが大きくなると体重は足踏み状態になります。孵化して約二週間後に巣立ち、その時の体重の平均は二〇・三㌘ほどです。

### 自ら一様に成長する雛たち

雛への給餌は孵化後すぐから始められます。親鳥の餌運びは、当初は一日に一〇〇回くらいですが、日がたち雛が成長するにつれて回数は多くなっていきます。平成十二年に隣家の棟瓦下に営巣して雛三羽を巣立たせたスズメの場合は、妻の観察によると、巣立ち三日前の五月三十日の二九〇回が最多で、午前七時から午後七時までの一二時間に、平均二分三〇秒間隔で運んで来ていたそうです。餌運びも雌雄が協力してしますが、雌の方が多くて雄の二～三・五倍だったという観察報告もあります。

スズメの巣は、先述のように通常は屋根瓦下の隙間などに造られているために巣内の様子を直接観察することは困難ですが、ツバメの古巣を利用して営巣したときなどは観察できて好都合です。雛は餌をもらうとすぐ後ろを向いてお尻を巣の縁にせり上げて脱糞します。雛の糞は、体の割には親鳥のよりもずっと大きくて、表面は白いゼラチン質の膜で覆われています。孵化後しばらくは雛の消化能力がまだ不十分で、糞にはまだ栄養分が残っています。それで親鳥が食べてしまいます。しかし、日がたって雛の消化能力が高まると、親鳥はくわえて捨てに行くようになります。このことには巣を清潔にするのと、白くて目立つ糞で巣の在処を天敵に気取られないようにする両方の効果があるようです。

親鳥の雛への給餌は均等で、雛は一様に成長します。といっても、それは結果であって、親鳥が意識的に平等に給餌しているというわけではありません。雛たち自身が自主的に均等に給餌を受けて、その結果みな一様に成長しているだけです。親鳥は、ただ単に最も大きく開いた口内に餌を与えるというか、機械的に入れているだけなのです。口を最も大きく開けた雛とは、つまり最も空腹の雛ということです。スズメの巣の入口は側面にありますので親鳥の給餌を受けるには入口の正面が最も良い場所になります。雛たちは空腹になると入口正面の場所を確保しようと必死です。しかし、満腹の雛は、眠たげで活動も鈍っていて口の開きも小さく、ほかの雛に押し退けられて後方に回されてしまいます。要するに親鳥は巣の入口正面で大きく開いた口内に餌を機械的に入れているだけで、雛たち自身が巣内での位置を交替しながら均等に給餌を受けて一様に成長しているのです。実に単純な仕組みながらよくできているのです。

## 雛の口内の色鮮やかさの秘密

雛の口内は、親鳥とは比べようもないほどずいぶん色鮮やかですが、これには親鳥の給餌意欲を高める効果があるとみられています。親鳥は、雛が孵化する頃になると体内ホルモンのはたきで、中央部分が赤くて周囲を黄色で縁取った円っこい色形を見るとどうやら気持ち良くなるらしいのです。そのことは紙製の平面的な模型を使っての実験でも検証されています。それはまさに雛の口内の色形ということです。親鳥は最も大きく開いた雛の口内に餌を入れることは先述しましたが、それは最も美しい口内を見せてくれた代価ともいえ、私たちが名画を鑑賞するのに美術館の入口で入場料を支払うのと似ています。

それでこのような鳥に広くみられる習性を悪用⁉して、カッコウやホトトギスなどのように自らは巣を造らずに、自分より小さいほかの鳥にこっそり卵を産み込んで雛を育ててもらう托卵というずるい繁殖戦略が成立してしまうのです。これら托卵する鳥に共通するのは、〝鳴いて血を吐くホトトギス〟と言われているように雛の口内も非常に鮮やかな赤色をしていることです。実の雛より色鮮やかで大きく開く口によって仮親の給餌意欲を高め、巣を独占して育っているのです。鳥の社会は単純な仕組みで実に巧妙にできているのです。

## 里親・里子

他人の子をわが子同然に養育している「育ての親」を里親、「育てられている子」を里子と呼んでいますが、スズメとツバメ間にもときに里親、里子の親子関係が生じることがあります。

スズメとツバメは、先述のように人が稲作を始めると、どちらも人間生活に密着して生きるようになった身近な野鳥で、共に人家に営巣し、互いに隣接して育雛しているために両者間にときに混乱が生じるのです。

ツバメの里親に――日本野鳥の会の『野鳥』(五二八号)によると、山口県防府市富海《とのみ》の人家の軒先で育雛していたツバメの巣をヘビ(アオダイショウか⁉)が襲って雌親と雛一羽が犠牲になったとか。平成二年六月九日のことで、雛四羽は助かったものの雄親はその雛たちに給餌しなくなったという。どうしたものかと心配していると、なんとスズメが代りに給餌を始めたそうで、五分くらいの間隔で餌を運んで来ては雛たちに与えたという。その運んで来る餌がまた変わっていて、約六〇パーセントもがなんと海産のハゼの仲間だったそうで、なかには三・五センチメートルほどのものもあったというから二度びっくりです。海に近い場所だったというが、それにしてもスズメが海中の魚を捕ったり、またツバメの雛が魚を食べるなど、目からうろこオンパレードの珍事といった感じです。

イワツバメの押しかけヘルパーに――熊本市桜町の旧熊本県庁跡に日本最大規模を誇るバス・ターミナルの熊本交通センタービルが完成したのは昭和四十四年（一九六九年）で、ビル完成以前に一帯で見られていた野鳥はスズメとツバメくらいでした。ビルが完成するとコシアカツバメもすぐ営巣するようになり、イワツバメやヒメアマツバメも相次いで営巣するようになりました。ビルはまさに野鳥たちの一大営巣地と化した感があり、営巣場所をめぐる争奪戦が展開されるようになりました。そのへんの事情は本書の姉妹編『ツバメのくらし百科』に詳しく記してありますので略しますが、そのような状況下でスズメがイワツバメの雛に給餌するという珍しい行動が見られました―昭和六十一年（一九八六年）六月二十五日のことです。

交通センター北側のバス入口付近の天井近くの壁面にはイワツバメが集団的に営巣していて、イワツバメの古巣を利用してスズメも一緒に営巣しています。スズメがツバメの仲間の古巣を利用して、またときには強引に略奪して営巣するのはそう珍しいことではありませんが、なんとスズメがイワツバメの雛に給餌していたのです。この場合は先述のツバメの場合のように片親が欠けたり、残った親鳥が給餌拒否したというわけでもなく、両親が健在で普通に育雛していて、スズメの給餌はいらぬおせっかいといわんばかりに嫌がっているようでした。それでスズメはイワツバメ両親の不在を見計らうようにして給餌していました。おそらく何らかの事情でわが子を亡くしたか、あるいは独身者の単なる育雛の練習のつもりでしょうが、いずれにせよ母性本能による珍しい誤解発行動で、カメラに収めておくことにしました（写真参照）。

また、日本野鳥の会の『野鳥』（五二〇号）には、シジュウカラへの押しかけヘルパーの事例が報じられています。平成元年七月に横浜市旭区の人家の庭に架設された巣箱でシジュウカラが育雛していたところ、雛が孵化して九日後から一羽のスズメが雛への給餌に加わったそうです。雛は七月三十日に巣立ったそうで、雛への給餌はそれまでの一〇日間だけでなく巣立ち後の雛にも続けられたという。シジュウカラの親鳥は雛へのスズメの給餌を嫌がって追い払っていたが、二、三日もすると気にしなくなったようだとかで、その一部始終がビデオカメラに収められているという。

ツバメの里子に——有明海と八代海（不知火海）を分かつように突き出た宇土半島の南岸に沿って通る国道266号線の、熊本県宇城市不知火町にある道の駅「不知火」の軒下に設置されている照明灯の上に造られたツバメの巣で、ツバメの雛四羽に交じってスズメの雛一羽も無事育ちました。

道の駅の屋根にはスズメも営巣していて、人だけでなくツバメやスズメたちでも賑わっています。なんでも平成二十一年五月二十日頃、ツバメの巣下近くにまだ丸裸同然の雛が一羽落ちていて、それを見つけた女店員二人は、まだ生きていたので可哀相に思いツバメの雛と思ってツバメの巣内に入れてやったそうです。おそらく仲間のスズメによる雛殺しに遭ったのでしょうが、その雛は心優しい二人に見つかって幸運でした。ツバメの親鳥は当初は訝《いぶか》しがっているようだったそうですが、すぐ平常どおりに餌運びをしてくれたそうで、その雛も無事に育っていき、羽毛が生えてくると、それはなんとスズメの雛だったことが分かったというわけです。ツバメの雛四羽に交じって仲良さそうに育っていて、ツバメの雛より元気で活発そうで食欲も旺盛でした。雛が成長するとツバメの親鳥も気づいたようでスズメの雛への給餌は敬遠しているようでしたが、スズメの雛の方から積極的に奪い取るようにして餌を得ていました。

このことはツバメが里親として落ちていてそのままでは死んでしまう運命にあるスズメの雛を里子として育て上げた、一見美談のようにも思えますが、真相は違うようです。というのもツバメの脳の構造からして可哀相と思う感情を有するとは考えにくく、先述のように単に大きく開いた口内に餌を与えていたら自ら首尾よく育ったというのがどうやら真相のようです。ニコ・ティンパーゲンの『動物の行動』（ライフ大自然シリーズ、一九六九年）には、繁殖に失敗した北アメリカ産のショウジョウコウカンチョウ（ホオジロ科）が池の金魚に昆虫を数週間にわたって給餌したことが記されていて、その珍しい写真も載せられています。これらはいずれも誤解発による行動ですが、それにしてもツバメ親子の間で巣立ったスズメがいつ自分はスズメであることに気づくか興味あるところです。

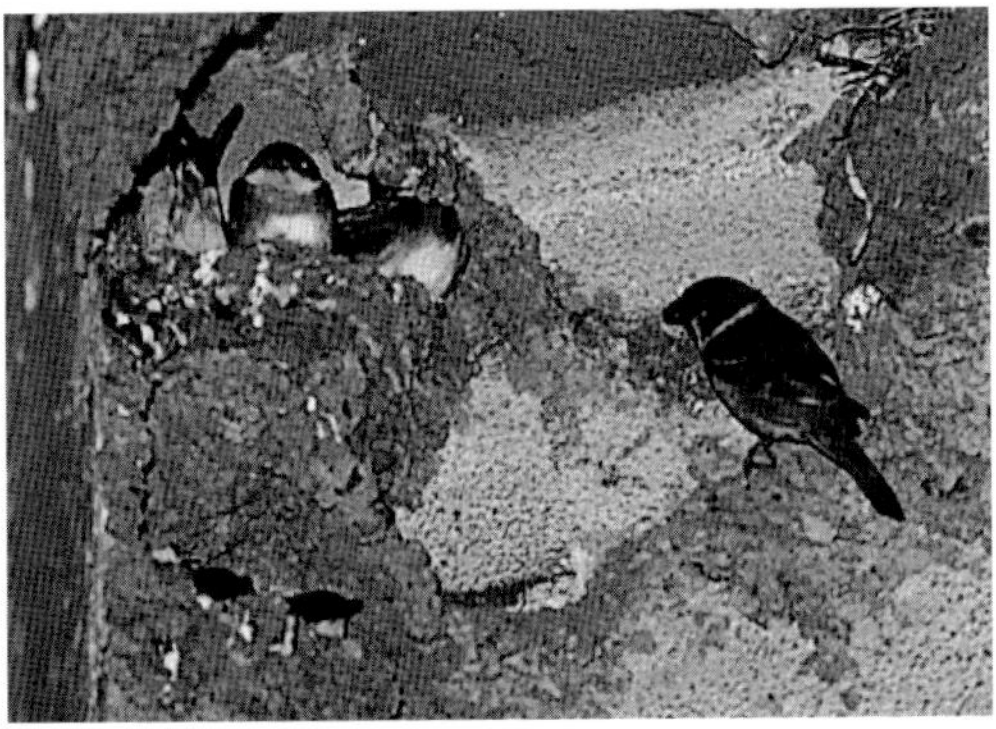

イワツバメの雛に餌を運んで来たスズメ（右）
1986年５月25日
熊本市桜町の熊本交通センターで

ツバメの里親（左）に餌をねだるスズメの雛
2009年６月５日
熊本県宇城市不知火町の道の駅「不知火」で

コイを里子にするつもりか、それともコイに恋しての求愛給餌のつもりか?!
2010年３月14日
熊本市の下江津湖で

## 卵割りと雛殺し

スズメの雛が孵る頃になると、まだ目も開いていない赤裸の雛が落ちていたといって拾われてよく届けられます。既に死んでいることが多いのですが、ときにはまだ生きていることもあります。巣立ち時の飛ぶ練習中に、弱っていると誤解されて保護されるのとはちょっと訳が違います。雛が空腹で餌を求めて巣からはみ出し過ぎて落ちてしまったのでしょうか。しかし、巣の縁の高さや雛の運動能力からしてちょっと考えられそうにありません。とすると何ものかによって故意に落とされたということでしょうか。

民俗学者の柳田国男もこのことに関心をもって、『野鳥雑記』に「雀の引越し」と題する一文を載せています。庭の芝生に毎日のようにスズメの卵の破片や、時には傷の無い卵や孵化したばかりの雛が落ちているのが気になり、それは近所での建築ラッシュによる騒々しさが原因で巣を引越そうとしての事故ではないかと考え、スズメの親鳥が雛や卵をかかえて飛ぶのを見てやろうと数年間頑張っているが、まだ実現していない。それは夜明けの最も気力の盛んな時刻とか、またはよくよく人影の見えぬときを見定めて決行するものだからと考えられる、といった概要です。

私は、かつてスズメが卵を嘴で割ってくわえ去るのを実際に間近かで見たことがあります。それは、昭和四十四年（一九六九年）五月十八日、熊本県球磨郡相良村立相良南中学校に勤務していたときのことです。日ごろ人の出入りがあまりない技術科工具室の棚に置かれていた蛍光灯が入っていたダンボールの空箱に卵が入った鳥の巣があると知らされて見に行くと、スズメのもので卵は四個入っていました。繁殖期の生態を調べるには好都合と観察していますと、抱卵していた雌が巣から出て行き、入れ替わりにすぐ雄がやって来ると思ったらなかなか来ません。心配していると、二、三分後にやって来てくれてホッとしました。しかし、巣にすぐ入るかと思ったらそうでもなくてちょっと様子が変です。私に気づいて警戒しているのでしょうか。息を凝らし固唾を呑んでじっと見守っていると、ついに巣に入った!!と思った次の瞬間、なんと卵を一個くわえていて、どうするのだろうと思う間もなくパチッと卵が割れる音がしました。そして、呆然と見守る中、割れた卵をくわえたまま逃げ去るようにして割れたガラス窓の隙間から出て行ったのです。時計を見ると一二時一〇分でした。予期しない突然の意外な行動に、一瞬自分の目を疑いました。そのすぐ後に雌が帰って来ましたが、卵が一個少なくなっていることに気づいたふうでもなく、何事もなかったように再び抱卵を始めました。

何ものかによって落とされて割れた卵
2000年４月23日　熊本県玉名郡和水町で

その後、五月二十二日の朝、残った卵から三羽の雛が孵り、六月四日には三羽とも無事に巣立って行きました。それにしても卵を割ってくわえ去ったスズメは一体何もので、なぜんそんなことをしたのでしょうか。

スズメは、育雛の最中に不慮の事故などで仮に片親を亡くしたとしても、残った片親が雌雄に関係なく一羽で雛を育て上げることもあります。これも相良南中学校でのことですが、小鳥舎にどこからどうやって入り込んだのか分かりませんが、いつの間にか一番のスズメがすみついて小鳥舎内の巣箱で昭和四十五年（一九七〇年）七月十八日に雛一羽を孵しました。ところが実は雛が孵る前日に番のうちの一羽がどこから出て行ったのか突然いなくなり、片親だけになってしまったのです。雛はどうなるかと心配しましたが、残っている片親だけでちゃんと育て上げて八月五日に雛一羽を無事に巣立たせました。このように雛に愛情深い⁉スズメが自らの卵を割るとは考えられず、血縁関係のない番以外のスズメの仕業であることは間違いありません。小林清之介氏は『スズメの四季』（文藝春秋新社、一九六三年）に、「家の巣箱から二日にわたって赤裸のひなが放り出されて死んだ。そして、そのあと十数日して、植込みのなかから一羽の親スズメの死体が発見された。隣り合った巣箱の夫婦とけんかしているのをさきに見ていたので、犯人は隣のスズメ夫婦と私は思っている」と書いています。

スズメと近縁のイエスズメは一夫一妻制が基本のようですが、ヨーロッパでの調査では一夫多妻の事例も約一一《パーセント》あったという。一夫多妻といってもそのほとんどが一夫二妻で、雄は早く孵った方の育雛に関与するという。育雛には多くのエネルギーと時間とを要しますから、雌にとっては雄の関与が得られるかどうかは大問題です。つまり雌同士はライバルで、雄を引き付けるためには手段を選ばず、すきを見て相手の巣に忍び込んで卵や雛を盗み出して壊滅的なダメージを与えるのだという。それで雄の育雛を全部自分の方に引き付けてしまえるというわけです。雌の恐るべきエゴです。

スズメでも過密な繁殖条件下での一夫多妻の繁殖事例も知られており、卵割りも実際に見られていることから、イエスズメ同様のことが行われていることはまず間違いないでしょう。今後、きちんと個体識別しての観察ではっきり確認されるのも時間の問題でしょう。

### 〈子殺し〉

耳を疑うようなショッキングな行為が初めて知られたのは、こともあろうにインドでは神猿と崇められているハヌマンラングール（ヤセザルの一種）ででした。ハヌマンラングールは一頭の雄を中心にハレムをつくっていて、ハレムの主の雄を打ち負かせてハレムの乗っ取りに成功した新しい雄は、次には先代雄の乳飲み子を次々にかみ殺します。いかにも残忍に思えますが、わが子を殺された母ザルは間もなく発情します。そして、新しい雄を受け入れて新たな生命を宿すのです。哺乳類は一般に授乳中には妊娠しませんが、わが子が途中で死んだりして授乳しなくなると妊娠が可能になるのです。

ハレムの乗っ取りは交尾期の初めに行われ、そして、子殺し後にはすぐ交尾が行われます。雄の性欲による衝動的で残忍とも思える一連の行為は、自分の子（遺伝子コピー）を早く宿らせることになるのです。一方、雌もハレムから追放された先代雄と運命を共にするより、新しいより強い雄を受け入れた方が生きていく上で有利ですし、より強い子も産めそうで、なにも特定の雄にこだわる必要はないようです。

子殺しは、その後、ハヌマンラングール以外の霊長類やライオン、齧歯類などでも知られ、成獣の雄だけでなく、ジリスなどでは雌もすることが知られています。また、鳥類でもスズメヤイエスズメのほか身近な野鳥ではツバメでも知られています。

## 命がけの巣立ち

巣立ちは、孵化して二週間後くらいで、間近かになると親鳥の給餌回数が減少します。体をしぼって身軽にさせるつもりでしょう。巣立ちは通常午前中に行われ、その当日になると親鳥は餌を運んで来ても雛になかなか与えようとせず、距離をおいて餌が欲しかったら自分でここまで取りにおいでといわんばかりに呼びかけます。するとそのうち空腹に耐えかねた一羽が巣から出て屋根瓦の下などからおそるおそる顔を出し、意を決したかのように一気に宙に舞います─巣立ちの瞬間です。飛び方は親鳥に教わったわけでも事前に練習したわけでもありませんが、そこはやはり空の生きもので見事です。親鳥はその後を追ってすぐ寄り添い、よくやったと言わんばかりにくわえていた餌をご褒美代り!?に与えます。そのことを見ていた残りの雛たちも見習って親鳥の鳴き声に誘われ次々と巣立って行きます。

飛んで巣立ったといっても親鳥のように上手に飛べるようになるにはそれなりの練習をして経験を積まなければなりません。巣立ち時の雛の平均翼面荷重、つまり翼面一平方センチメートル当たりにかかる体重は、〇・三三グラムで、成鳥の平均〇・二九グラムよりも〇・〇四グラム大きく、また、初列風切の長さの平均三二ミリメートルも成鳥の約半分の長さでしかありません。それで上から下へはなんとか飛べても、上方に飛び上がるには大きな力を要して困難です。それで目標どおりに飛べずに途中で地上に落下してしまうこともけっこう多いのです。そういうときに近くに人やネコなどがいたら大

雛巣立ちの瞬間。このすぐ後、３羽の雛が次々と巣立った。
2000年６月２日12時８分　熊本市春日で（大田直子撮影）

変です。親鳥はパニックに陥り、気が狂ったようにジュクジュク鳴き、時々ビュウ、ビュウという音を交えながら緊張した様子で巣立ち雛の周囲を右往左往して飛びまわります。与謝蕪村の「飛びかはす　やたけごころや　親雀」の句はこのような場面を詠んでいるのでしょう。句の「やたけごころ」は漢字で書くと「弥猛心」で、『広辞苑』には「いよいよ猛り勇む心」とあります。巣立ち雛の身を守ろうと決死の覚悟にある様を表しているのでしょう。

親鳥の心配はもっともで、巣立ちの時季になると毎年決まったように巣立ち雛が私のところへも相談に持ち込まれます。十分飛べないので病気やけがのせいではないかと心配されてのことですが、そのほとんどの場合が何ら問題はありません。それで「十分飛べないのはまだ飛翔練習中であって、そのような心配はいらないこと。それに、当然のことながらスズメの雛はスズメの親鳥に養育されるのが原則で最良ですので、拾った場所の近くに親鳥が必ずいるはずですから元の場所でネコから捕られないよう木の枝などに止まらせておくと良いでしょう」と応答しています。本来保護する必要などない巣立ち雛をそうとは知らずに可哀相に思い保護してやらなければと拾ったものの、その後どうしたらよいかという相談は、この時季になると全国各地であるようです。そのような相談に応える方法の一つとして、日本鳥類保護連盟と日本野鳥の会が共催で平成七年から環境省の後援を得て「ヒナを拾わないで」の啓発全国キャンペーンを展開しています。

巣立ちの時季が最も危険で、人に拾われるのはまだ良いほうで、警戒心が弱くて運動能力も未発達のためにハシブトガラスやハシボソガラス、あるいはネコなどの犠牲になることも多いのです。巣立った雛の四分の三、つまり七五㌫もが一年以内に死んでいるのです。

## 雀の学校

屋根瓦下など薄暗い場所で育った雛は、巣立ち後も本能的に薄暗い場所へ逃げ込もうとします。巣立ち後二、三日は巣の近くにある樹木の茂みなどに寄り添ってじっと潜み、終日チリッ、チリッと鳴いて餌をねだって親鳥から給餌を受けています。巣立ち後の給餌も雌雄が協力して周囲をしきりに警戒しながらしています。

巣立って四、五日もすると雛の行動力も増してバラバラになりますので、親鳥も雌と雄が手分けして世話するようになります。庭の給餌台がスズメの親子で賑わうのはこの頃です。何組もの親子が鉢合わせると、どれとどれが親子か区別がつかなくなることがあります。当のスズメにもそのようなことがあるようで、明らかによその子なのにねだられるままに給餌していることもあります。このように混乱した状況下ではできるだけ口を大きく開いて大きな声で催促したものが勝ちで、親鳥はわが子よその子に関係なく本能的にそのような口内に餌を与えてしまうようです。それでこの時期に事故か何かでわが子を亡くしたりして近くに同じ発育段階くらいのツバメやイ

ヤマザクラの茂みで親鳥から給餌を受ける巣立ち雛
2002年4月22日　熊本市春日で

ワツバメの雛がいたりすると、あるいはコイなどがいるとついそれらの雛やコイなどに給餌したりする珍行動が見られたりして話題になることがあります（具体事例は先述）。

わが子と他鳥の子を十分区別できないとはなんとも愚かで頼りない親鳥のように思えてしまいます。行動を司っているのは大脳で、その表面の皺《しわ》の多さが機能（頭の良さ）のバロメーターと認識されていますが、鳥の大脳の表面はのぺっとしていて皺がないこともあって、Birdbrain（鳥脳）といえば莫迦《ばか》や阿呆《あほう》、間抜《まぬ》けなどの意味で使われています。ニワトリは三歩歩けば忘れるといわれ、なかにはアホウドリの名まで付けられた鳥もいます。しかし、これは人と鳥の脳の進化の方向が異なったことによる構造や機能の相違であって鳥も環境に立派に適応して生きており、同列に比較して論じるのは適正ではないでしょう。脳の構造や機能はともかく、この時期は、給餌を受けながら、餌の探し方や危険なものなどについて学習して「スズメとして生きる力」を養成する大切な期間なのです。童謡『雀の学校』（清水かつら作詞・弘田龍太郎作曲一九二一年）の「ちいちいぱっぱ　ちいぱっぱ　雀の学校の　先生は　むちを振り振り　ちいぱっぱ」はこの期間の教育場面を歌ったもののようで、チィチィ鳴きながら羽をパッパッと小刻みに開閉させて餌ねだりする巣立ち雛たちに育雛で疲れた身体にむち打って先生役の親スズメが給餌しながら総仕上げの生きる術

親鳥（左の２羽）による巣立ち雛（右の２羽）への給餌
2010年４月24日　熊本市健軍で

給餌台を訪れたスズメの親子
1981年５月17日　熊本市春日の自宅で

を懸命に伝授している光景が目に浮かびます。このように親鳥から生き抜くための教育を受けるのも一週間くらいで、巣立って一〇日もすると餌も自分で採れるようになり、独立して親元を離れ、別れ別れになります。

## 定住地を探して分散

平成四年四月から同六年三月までの二年間勤務した熊本県球磨郡相良村立野原小学校は、川辺川ダム建設予定地のすぐ上流で、藤田谷川と椎葉谷川が合流する、九州中央山地の谷合いにありました。かつては学校周辺に集落がありましたが、ダム建設による立ち退きで、学校から一キロメートル以内には既に人家はなく、学校だけがポツンと取り残されたようにしてありました。

川辺川は、日本三急流の一つ球磨川の一大支流で、九州中央山地の奥深くに源を発して九州のほぼ中央部を縦断するように南流しています。その渓流に沿って地域住民の生活道路が通り、また谷筋そのものも野鳥の移動通路になっているようで、特に春や秋の渡りの時季には日ごろ見かけないような野鳥も多く見られます。五月にはブッポウソウが二羽連れで川辺川の谷筋に沿って北上し、九～十月にはサシバやハチクマが南下して行くなど、二年間の勤務の合間に学校から見られた野鳥だけでも七六種にのぼります。

スズメは、平成四年には四月四日に一羽、五月十九日に二羽見られただけで、平成五年には十月十九日朝の冷え込みの中、換気扇から職員室に一羽が飛び込んで来たことがあっただけです。川辺川流域でスズメが年中生息しているのは、野原小学校より下流方向では約四キロメートル下流域にある相良北小学校がある田代地区から下流域です。一方、上流方向では約七キロメートル上流域にある五木村中心部の頭地地区と、それよりさらに約五キロメートル上流域にある宮園地区だけです。五木村ではこのほかに頭地と宮園のほぼ中間地点にある竹の川集落で、五木村学術調査中の昭和五十八年（一九八三年）三月二十日に番とみられる二羽連れを一度見たことがあります。竹の川集落には野原小学校周辺と同じように年中生息しているわけではありませんので、移動中のものをたまたま見かけたということです。

　スズメは同一地域に年中留まってほとんど移動をしない留鳥の代表のようにみられているようですが、足環を付けての標識調査によって、かなり長距離を移動するものもいることが分かってきました。ことに冬季の積雪量が多い地域のスズメにその傾向が強いようで、また長距離移動するもののほとんどが幼鳥や若鳥であることも分かっています。新潟県内で足環を付けて放たれたスズメの幼鳥が本州の脊梁山地を飛び越えて一〇〇キロメートルから四〇〇キロメートル以上も離れた関東や静岡・愛知・岐阜・近畿・岡山などで回収されています。いずれも放鳥地より南方での回収で、南方の暖地にかなり広範囲に分散していることが分かります。

　スズメのように留鳥性の強い個体群（ポピュレーション）から長距離移動する個体が出現するのは生息密度の過密によると考えられます。スズメにとっての好ましい生息環境とは、人の居住地及びその周辺部で、そこで生まれた幼鳥が生活圏を新たに確保するには、生まれ故郷の地で空き地を見つけることができなければ他所に新天地を求めて移動するしかないのです。一方、種の繁栄には、たとえ均質な環境であっても、定住するより分散した方が進化学的には安定な戦略であ

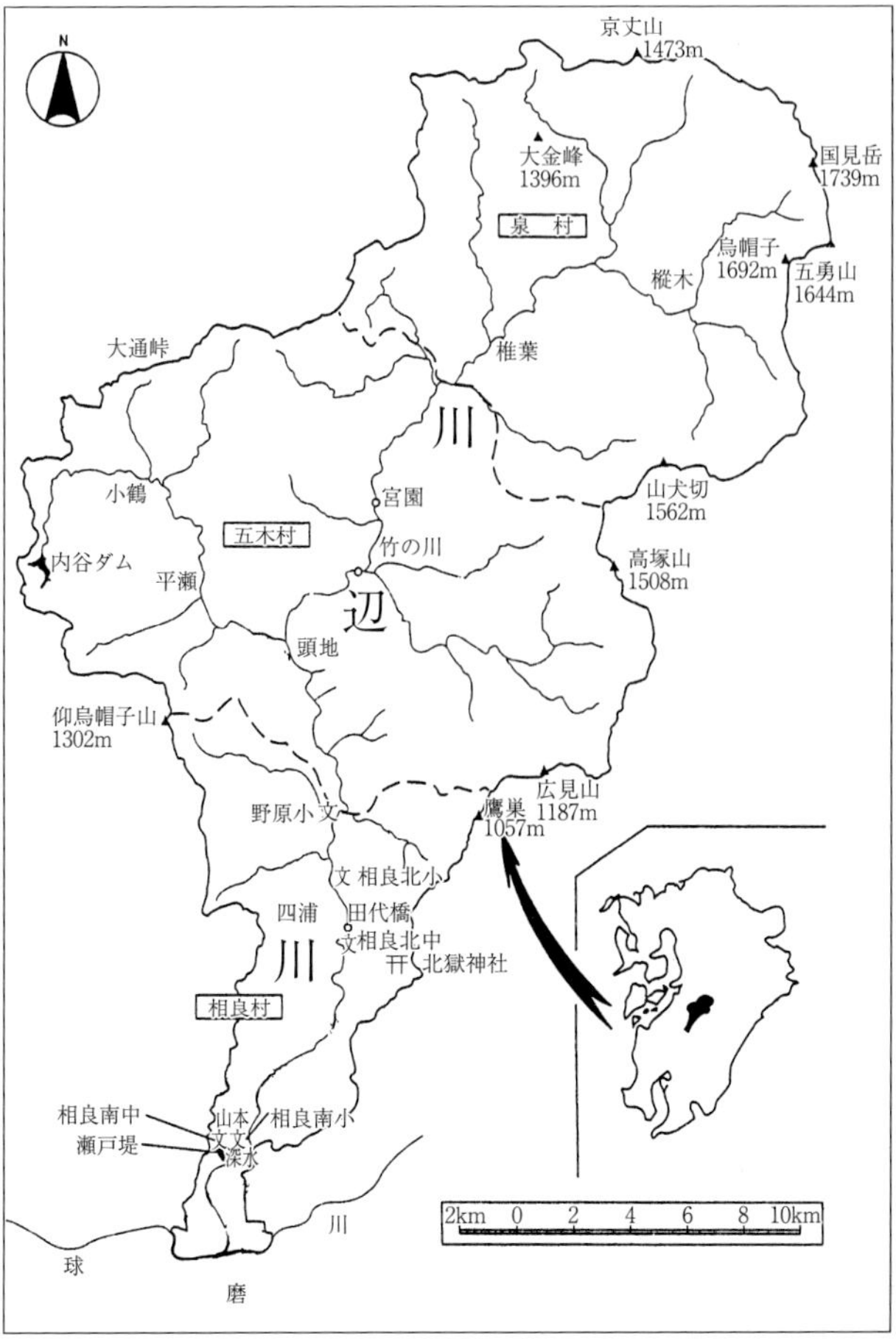


川辺川流域概要図

ることが統計学上からも証明されています。

また、スズメのようになかば集団的に繁殖している場合には近親交配による悪性の劣性遺伝子のホモ接合による顕在化の確率が高まって産卵個数や孵化率、あるいは代謝機能の低下などの近交弱勢が心配されます。

それで幼鳥や若鳥の分散は、その回避にも役立っています。鳥類、ことに小鳥（スズメ目の鳥）では、一般に雄は生まれ故郷にとどまるのに対して、雌は生まれ故郷を離れ分散して繁殖する傾向があり、近親交配が避けられています。遠くへの分散は危険でリスクを伴いますが、雌が遠くへ分散するものでは一般に雌が多く生まれる傾向があることが知られていて、自然界の仕組みは実によくできています。

ところで、余談になりますが、日本には古くから「九月にスズメは大海に入って蛤（ハマグリ）になるとか、十月海中に入って魚となる」などの言い伝えがあります。これは中国前漢代の『淮《え》南子《なんじ》』墜形訓の「燕雀、海に入りて蛤と為《な》る」や『礼記《らいき》』の「雀、大水に入りて蛤と為る」あたりによっているとみられますが、雪国で秋の稲田に多く群れていたスズメが積雪を前に分散して忽然と姿を消すのを不思議に思い、自然界での輪廻転生の観念から確認困難な海中の蛤（ハマグリ）や魚に生まれ変わるのだろうと考えたのでしょう。しかし、海中の生き物の中でもそれがなぜ蛤（ハマグリ）や魚なのかは分かりません。

## 離婚

スズメは、一回の繁殖で、巣造りに約一〇日、産卵に四～六日、抱卵に一二日、孵化してから巣立つまでに約一四日、巣立ち後の給餌しながらの教育に約一〇日と、最低でも約五〇日を要します。その間に費やされるエネルギーも相当量と考えられますが、それでもまたすぐ痛んだ巣を修復して二回めの繁殖に取りかかる番が約三五パーセントくらいいるというからそのパワフルさには感服させられます。その二回めの繁殖での二番子も七月末までには巣立って遅くても八月上旬にはその年の繁殖は終了します。すると親鳥は番関係を解消し、つまり離婚して元の独身生活に戻るようです。

スズメの一年は、大きく繁殖期と非繁殖期（越冬期）に分けられます。つまり番を形成して子育てする家庭生活の期間と、子育てを終えてそれぞれが独立した独身生活をする期間とからなっています。スズメに限らず野鳥の多くが番関係は一年契約です。ただし、お互いが翌年も生きていたらもちろん再契約も可能です。両方とも長生きできたときには再々契約だって可能で、結果的には同じ相手と生涯番関係が維持されたということだってあるようです。

# 食われる

## 渡る世間は鬼ばかり

これまではスズメが何を食べて生きているかについて見てきましたが、食う食われるの厳しい自然界ではスズメが食われることも当然あるはずで、小さくて弱いスズメには天敵もきっと多いことでしょう。どんな天敵がいるか見ていきましょう。

天敵の種類や個体数は地域によって多少は異なるでしょうが、私が住んでいる熊本市内では、人は別にして、ハシブトガラスやハシボソガラスなどの大型のカラスが最大の天敵になっているようです。日常の生活圏が大きく重なっているので遭遇する機会も多いことからことに幼鳥にとっては大変恐ろしい存在になっているようです（具体事例は後述）。

次に恐ろしい天敵としては小型や中型のタカやハヤブサの仲間で、留鳥ではツミやハヤブサ（どちらも具体事例は後述）、冬鳥ではハイタカやチョウゲンボウ、コチョウゲンボウ、夏鳥ではサシバなどがいます。

軒下に逃げ込んだスズメを探すチョウゲンボウ（雄）
2000年11月５日　熊本市海路口町で

チョウゲンボウ(右)にモビング(擬攻撃)するニュウナイスズメとスズメ(右３羽の中央)
1996年11月４日　熊本市沖新町で

モズ（左）を警戒するスズメたち
2000年１月10日　熊本市会富町で

スズメを運ぶモズ（雌）
1989年12月17日　熊本市川口町で

このほかにも鳥ではなんと同じ小鳥のモズまでいます。鎌倉幕府の日記ともいえる『吾妻鏡』には、信州の桜井五郎という者が飼い馴らしたモズを使って幕府の庭で将軍源実朝にスズメ三羽を捕ってみせたという〝鵙狩〟の記録があります。また、江戸時代最大の図解百科事典ともいえる『和漢三才図会』（寺島良安、一七一二年）にも「人はこれ（モズ）を飼育し、鷹の代用にして遊猟をする」とあります。モズがスズメと同じ電線や鉄条網などに並んで止まり、スズメににじり寄ったり、あるいは追いかけたりしているのをときおり見かけることがあります。たいていは逃げられて失敗に終わりますが、まれには成功することもあり、スズメを足で掴んでやっとのことで飛んで運ぶのを見かけ、幸運にもカメラに収めることができたこともあります（写真）。

　鳥以外の天敵ではアオダイショウや天井裏にすむクマネズミ、それにニホンイタチなどもいますが、近年はどちらもめっきり少なくなりました（アオダイショウについての具体事例は後述）。子供の頃、日ごろ目星をつけておいた屋根瓦下のスズメの巣から雛を捕ろうところあいを見計らって梯子をかけて屋根に上り、胸をドキドキさせながら瓦を剥ぐと、なんと先客のアオダイショウが大きなとぐろを巻いていてびっくり仰天、あやうく梯子から落ちそうになったこともありました。同様の経験談は友だちからも聞いたものです。初任地の熊本県南部の人吉・球磨地方ではアオダイショウを「やっぐい」（屋根くぐりの略か）と呼んでいて、古民家の屋根裏や天井などにすみついていて、英名でラットスネイクと呼ばれるようにネズミをよく捕食していました。ときには屋根上に出て来たところをスズメに見つかってモビング（擬攻撃）されているの見たこともあります。

瓦屋根に上がったチョウセンイタチ（雄）
2009年 9 月28日　熊本市春日で

　近年はニホンイタチに代わって外来種のチョウセンイタチ（シベリアイタチの亜種）などもスズメにとっては恐ろしい天敵になっているようです。私が住んでいる熊本県内では昭和三十七年（一九六二年）頃から目立ちだし、天井裏や断熱材の中などにすみついていて、ときに屋根上に出て来たところをスズメに見られて鳴き騒がれていることもあります。

　これらのほかにもスズメがオニグモの円網にかかって落鳥したなどということもあります。オニグモはその名のとおり大型の大変たくましいクモで、渦巻き状の円網は大変丈夫で弾力性に富んだ糸でできています。網は毎夕スズメが軒下の塒に入った後に、薄暗くなってから軒先に張って翌朝明るくなると切りたたむ習性があります。それで、それ以前にスズメが飛び出たりすると、カスミ網のような網にひっ掛かってしまうのです。網の糸は丈夫で弾力性がありますので切れるとゴム紐が切れたときのように縮み、まるでバンジージャンプを繰り返すような状態になって容易には逃げ出せないのです。飛翔力がまだ弱い幼鳥などはそのうちに体力を消耗して衰弱してしまって落鳥することもあるのです。黒田長久氏は、昭和三十三年（一九五八年）七月八日に東京都渋谷区でスズメの幼鳥がオニグモの網にかかって宙吊りになっているのを見てスッケチされています。

ネコは野生動物ではありませんが、スズメ、とくに幼鳥にとっては大変恐ろしい存在です（具体事例は後述）。このように自然界で弱い立場にあるスズメには天敵や恐ろしい動物が多くいて、まさに渡る世間は鬼ばかりといった感じでしょう。

## 最大の天敵ハシブトガラス

私がかつて勤務していた熊本市立北部中学校の校舎は鉄筋三階建ての瓦葺きで、屋根瓦下の隙間には多くのスズメが営巣していました。それでスズメの雛が巣立つ四月中旬になるとハシブトガラスが決まってやって来ていました。

平成二年四月二十五日の午後二時、ジジッと日ごろ聞き慣れない悲愴とも思える鳴き声にふと上空を仰ぐと、スズメの雛をくわえて飛んで逃げるハシブトガラスの後を二羽の親鳥とみられるスズメが追いかけていました。ハシブトガラスは三階の音楽室の屋根の方から飛んで来て、一旦体育館横のコンクリート製電柱の頂に止まりました。スズメの雛はまだ生きていて嘴の中でばたついており、羽毛が二、三枚ヒラヒラと散っています。追いついた親鳥とみられるスズメたちがその周囲をなじるように鳴き騒ぎながら飛びまわりますが、別に動じるふうでもなく、すきをみて雛をくわえたまますぐまた飛び去って行きました。

身近で展開された自然界の厳粛なドラマを目にし、生徒たちもきっと関心をもって興味を示すだろうと思い、教材として理科の授業で熱っぽく語り始めると、なんのことはありません。生徒の多くが見て知っていて、生徒の一人が僕も一〇日ほど前に同じ音楽室の屋根で同様のことを見ました、と発表すると、僕も、私も…見ましたと相次いで多くの観察事例が寄せられたのです。予想外の展開となって拍子抜けしてしまい、めったに見られない場面に出会ったと独り悦に入り得意気になっていた自分がなんだか恥かしく、白けて気まずい思いをしてしまいました。

スズメ（幼鳥）をくわえたハシブトガラス
2007年４月20日　熊本県宇土市笹原町で

その後も注意して見ていると、ハシブトガラスがスズメの幼鳥を捕食するのはけっして珍しいことではなく、なんと自宅周辺でも見られ、通常的なことらしいことが分かってきました。さらになんと『源氏物語』には飼っていた子スズメが逃げて、カラスに見つかりでもしたらと心配する場面があって、既に平安時代からカラスがスズメにとっての恐ろしい天敵であることが認識されていたらしいことがうかがえ、自分の自然観察のあまさを改めて思い知らされることになりました。

**〈天敵を使ったスズメ猟〉**

青森県弘前市では〝スズメの叔母さん猟〟という一風変わったスズメ猟が考案されています。「スズメの叔母さん」とはハシボソガラスのことで、当地の猟師たちはそう呼んでいるとか。ハシボソガラスは、スズメにとっては怖い天敵ですが、非常に警戒心が強いので、ハシボソガラスが採餌している場所ならもっと怖いタカの仲間などはいないと信頼して採餌に集まって来るのです。それでハシボソガラスを「スズメの叔母さん」と呼んでいるわけです。このスズメの習性を応用して考案されたのが子飼の飼い馴らせたハシボソガラスを囮《おとり》にしてスズメを誘き寄せ、無双網で一網打尽にする〝スズメの叔母さん猟〟と呼ばれるものです。

これに対して長野県内では〝スズメの叔父さん猟〟というスズメ猟も考案されています。当地ではイタチを「スズメの叔父さん」と呼ぶのだそうで、「スズメの叔母さん」に倣った呼び名のようです。イタチもスズメにとっては怖い天敵で、それで見つけるとジュクジュク鳴きながら集まって来て大騒ぎします。動物行動学ではモビング（擬攻撃）と呼んでいる、みんなで団結すればイタチだって怖くないという強がりによる先制の行動です。そこで、こういうスズメの習性を応用して考案されたのが、イタチの毛皮や剥製でスズメを誘き寄せ、十分集まったころ合いを見計らって急に脅かし、事前に準備しておいた鳥もちを塗った木の枝に止まったところを手摑みにする〝スズメの叔父さん猟〟で、明治から大正時代にかけて行われていたという。

スズメの叔母さん猟もスズメの叔父さん猟もスズメの習性を熟知して考案されたもので、スズメが本当に怖いと思っているのは実は人間かもしれません。

## 死んでもスズメを放さなかったツミ

「ハヤブサはこちらにいますかね?……」

「今の時季にはどうでしょうか…。それでハヤブサがどうかしたのですか?」

「いや、鳥の名前は分からないのですが…たぶん猛禽類とは思うのですが、スズメを捕りに来て、学校の窓ガラスに衝突してスズメを摑んだまま死んでいるんですよ」

「…で、その死んだ鳥は、まだそこにありますか?」

「ありますが、見に来られますか?」

「よかったらぜひ見せて下さい。午後一時までには伺いますのでよろしく」

平成四年六月二十七日(土)の午前十一時半に、隣の相良北中学校のT先生からかかってきた電話の内容は梅雨空を吹き飛ばすようなものでした。折角の週末も雨では山行きもままならず、どう過ごそうかと思案していたときだけによけいに有難くうれしく思えました。

学校帰りに訪ねると、話の鳥は事務室の空いた机の上にあおむけにして置かれていて〝手を触れるな〟との注意書きがしてありました。電話での話のとおり、左趾でスズメの体をしっかり摑んだまま死んでいます。ツミの成鳥雄です。ツミは、日本産のタカの仲間では最も小さく、その小さい雄はヒヨドリくらいの大きさしかありません。九州中央山地一帯ではツミやハイタカのような森林性の小型で敏捷なタカの仲間を〝はやぶさ〟と呼んでいますので、ハヤブサの名が出たのでしょう。摑まれているスズメは嘴の基部にまだ黄色い部分が残る幼鳥でした。なんでも掃除の時間に、美術室当番の生徒が見つけて知らせてくれたとのことで、ひとしきり発見に至る経緯を聞いた後で、発見現場も見せてもらうことにしました。

スズメ（幼鳥）を摑んだまま窓ガラスに衝突死したツミ（雄）
1992年６月27日　熊本県球磨郡相良村立相良北中学校で

　相良北中学校は、九州中央山地の奥深くに源を発して南流し、ダム建設計画が話題になっている川辺川中流域の蛇行した内側（左岸）にあります。校舎は鉄筋二階建てで、美術室は二階のほぼ中央部にあります。教室の南側には回廊のようなコンクリートのベランダがあり、その床に事務室に置いてあったのと同じ状態で落ちていたとのこと。床から一・八メートルほどの窓ガラスの外側に衝突跡とみられる二×〇・五センチメートルほどの縦長のくもりが認められます。校舎の南側には大きい桜の木をはじめ数本の木が空が見えないほど茂っており、雨天で暗いこともあり、窓ガラスはまるで鏡のように木々を映し出しています。ベランダの幅は一・六メートルほどで、高さ約一メートルのコンクリート壁があり、その上に二五センチメートルほどの高さに金属製の手すりがついています。スズメの鳴き声が賑やかで、庇下の通気孔からのぞいている藁屑はスズメの巣の一部でしょう。なんでも手すりには日ごろスズメがよく止まっているとのこと。説明を聞きながら私の想像力は膨らみました。手すりで賑やかに群れ遊ぶスズメたちの鳴き声に誘われてやって来たツミは、木の茂みに隠れて標的を物色して急襲、狩りは成功したものの窓ガラスに映った木々を本物と見誤って直進してしまい、窓ガラスに衝突…なにしろ飛ぶ勢いでの正面衝突ですので、ほとんど即死状態ではなかったでしょうか。

ツミやスズメの身体各部の計測をするのにスズメを左趾から放そうとしますが、鋭い爪がスズメの体にくい込んでいて、しかも死後硬直していてなかなか放れません。趾を一本ずつ伸ばしてやっと取り外すことができました。右趾の裏にもスズメの綿羽がついていましたので捕らえた当初は両趾で掴んでいたようです。スズメは掴まれた瞬間にショック死したのか、それとも衝突の衝撃で死んだのでしょうか。あるいは衝突後もまだしばらくは生きていたのでしょうか。生徒が発見したときにはどちらも既に息絶えて冷たくなっていたとのこと。スズメがどの時点まで生きていたかはよく分かりませんが、ツミの死んでも獲物は放さないというプロハンターとしての執念深さには感服させられます。

ツミの窓ガラスへの衝突事故は、相良北中学校より約一〇キロメートル下流域にある相良南小学校でも昭和四十三年（一九六六年）十月十二日に起きています。そのときもスズメを追って来て窓ガラスに衝突して落ちたのでした。届けられたときにはまだ息がありましたが、間もなく落鳥しました。胸部に縦縞が残るまだ若い雌でした。また、昭和四十六年（一九七一年）九月九日には熊本市河内町船津の河内中学校近くに住む生徒からスズメを追って家の中に飛び込んで来たというツミの若い雌が一羽届けられました。このときは元気がよく負傷しているふうでもありませんでしたので、身体各部を計測した後、放鳥しました。このほかにも熊本県上益城郡山都町の朝日中学校から昭和四十八年（一九七三年）十月下旬に学校の窓ガラスに衝突して落ちたという、送られてきた写真の鳥も若いツミ（性別は不明）でした。

ツミがこのようにスズメをよく捕食することは古くからよく知られていて、日本最古の漢和辞典『和名抄』（源順、九三四年）にも「よく雀を捕らえて、ひっさげている鷹」と出ています。ツミは、漢字では「雀鷹」と書き、「すずめだか」の別名もあります。また英名もSparrowhawk（sparrow《雀》+ hawk《鷹》）で「雀鷹」となっています。一方、雀（スズメ）は、種名であるとともに、小鳥や小さいことを代表する意味も含んでいます。その意味からも日本産最小の鷹ツミに雀鷹の字を充てるのは相応しく思えます。

スズメにとってツミは恐ろしい天敵ですが、ツミとて命がけでスズメを捕っているわけで、このような不慮の事故で命を落とすこともあるのです。たいていは経験未熟な若い鳥のことが多く、相良北中学校でのように成鳥というのは珍しいことです。時季からしてツミは育雛中で、雛たちへの餌運びに多忙な中での不慮の事故死かもしれず、スズメにとっては天敵とはいえ、獲物を持ち帰る雄親鳥を待ちわびている雛や雌親鳥のことを想像すると心が痛みます…合掌。

## 雛にスズメを与えるハヤブサ

本当のハヤブサ（ハヤブサ科）もスズメには大変恐ろしい天敵です。猛禽類の中でも特に研ぎ澄まされた機能美を有してスピードと敏捷性を誇るハヤブサが弱い小鳥のスズメを捕食していると聞かされたら、ハヤブサのファンは少々失望するかもしれませんが、事実だからどうしようもありません。

私が住んでいる九州のほぼ中央部に位置する熊本市では、ハヤブサはつい近年までは主に秋から冬にかけて見られるだけの冬鳥的な存在でしたが、平成十年頃からは夏季にも見られるようになり、平成十九年にはついに繁殖も確認されました。ハヤブサの留鳥化は、熊本市内に限ったことではないようで、どうも九州では近年に広くみられる現象のようです。ハヤブサというと、海に面した人を寄せつけない断崖の岩棚に営巣して、主にカモやサギ、シギ・チドリの仲間などの水鳥をそのスピードを生かして追いかけ、空中で蹴落とすというダイナミックでスマートな狩りをする光景がすぐイメージされますが、獲物になる水鳥が近年増えたという実感は特にありません。

繁殖が確認されたのは有明海に面した採石場の断崖で、育雛の様子を観察するのに格好の場所も確保できましたので、雛への給餌内容について調べてた結果、水鳥ではコガモやアマサギがあり、それよりドバトやヒヨドリ・ムクドリ・スズメ・イソヒヨドリといった陸鳥が多く、ちょっと意外だったのは茂みにすむ外来種のガビチョウや、大型のネズミ（ドブネズミかクマネズミ）もよく運んで来ることでした。

スズメをくわえたハヤブサ（雄）
2008年４月29日　熊本市松尾町で

ネズミを捕るところは以前に見たことがあります。この営巣地から北西方向約一一キロメートルの横島干拓地（熊本県玉名市横島町）で、平成十二年十一月十九日の夕方のことです。畑の脇にあるコンクリート製電柱の頂に止まっていたハヤブサがすぐ下の畑に飛び下りたと思ったら、すぐ何かを摑んで元の電柱の頂に戻って食べ始めたのです。大きさからしてハタネズミかハツカネズミのようでした。ハヤブサは空中での狩りだけでなく、このようにいろんな方法で狩りをしているようで、獲物もコガモやアマサギのような水鳥からスズメのような小さい陸鳥、さらにはネズミの仲間までけっこう幅が広く、塒入り前のツバメの集団を襲うという観察報告などもあります。このように多様な狩りの方法による幅広い獲物の確保が、留鳥化による繁殖地の拡大を可能にしているのでしょう。

営巣地の周辺にはミカン畑や田んぼ、人家などもあって、環境もけっこう変化に富んでいます。運んで来るスズメは初めのうちは巣立ち後間もない幼鳥ばかりでしたが、後では成鳥も運んで来ていました。ハヤブサの留鳥化によって、スズメにとってはますます恐ろしい天敵になったことでしょう。

## アオダイショウ

スズメのただならない鳴き騒ぎように何事が起きたのだろうかと二階のガラス窓を開けると、なんと隣家一階部分の屋根上にアオダイショウがいるではありませんか。それでスズメたちが集まって鳴き騒ぎながらモビング（擬攻撃）していたのです。アオダイショウは一㍍以上あり、スズメの巣がある鬼瓦の方にやって来ています。どうして巣があるのが分かったのでしょうか。妻は台所へ急いで茶碗に水を汲んで来るとシッと追い払う掛け声とともに放水しましたが、距離があって届きません。親鳥たちの大声で鳴き騒ぎ立てながらのホバリングしての上方からのモビングにもなんら動じるふうでもなく、どんどん近づいて来て、アッという間もなく鬼瓦下の隙間にスルスルと入って行きました―平成十四年四月二十一日の十四時五十五分のことです。

それまでしていた雛たちの餌をねだるような鳴き声がピタリと止みました。巣内で展開されている地獄絵巻を想像すると背筋がゾッとしますが、鬼瓦はセメント様のもので接着されていて簡単には外せそうもなく、どうしようもありません。隣家にはほかに二階の屋根両端の鬼瓦下にも営巣していますが、集まっているのは六羽よりも多く、どうやら近隣からも応援に⁉駆けつけているようです。集団に支えられての勇気でしょうか、鬼瓦のすぐ横に止まったり、入口正面でホバリングしながら巣内を覗こうとしているものなどもいますが、それ以上はどうしようもないといったところです。

巣に入って行くアオダイショウ

心配そうにのぞくスズメたち
写真は上・下とも2002年４月21日　熊本市春日で

# 弦書房
## 出版案内

2025年初夏

『水俣物語』より
写真・小柴一良（第44回土門拳賞受賞）

**弦書房**
〒810-0041　福岡市中央区大名2-2-43-301
電話　092(726)9885　FAX　092(726)9886
URL　http://genshobo.com/　E-mail　books@genshobo.com

◆表示価格はすべて税別です
◆送料無料（ただし、1000円未満の場合は送料 250円を申し受けます）
◆図書目録請求呈

◆水俣病公式確認69年◆

◆第44回 土門拳賞受賞

# 水俣物語 MINAMATA STORY 1971～2024

小柴一良 生活者の視点から撮影された写真二五一点が、静かな怒りと鎮魂の思いと共に胸を打つ。 3000円

# 【新装版】死民と日常 私の水俣病闘争

渡辺京二 著者初の水俣病闘争論集。市民運動とは一線を画した〈闘争〉の本質を語る注目の一冊。 1900円

# 8のテーマで読む水俣病

高峰武 これから知りたい人のための入門書。学びの手がかりを「8のテーマ」で語り、最新情報も収録した一冊。 2000円

非観光的な場所への旅

# 満腹の惑星 誰が飯にありつけるのか

木村聡 問題を抱えた、世界各地で生きる人々の御馳走風景を訪ねたフードドキュメンタリー。 2100円

# 不謹慎な旅 1・2 負の記憶を巡る「ダークツーリズム」

木村聡 哀しみの記憶を宿す、負の遺産をめぐる場所へご案内。40＋35の旅のかたちを写真とともにルポ。 各2000円

戦後八〇年

# 占領と引揚げの肖像 BEPPU 1945-1956

下川正晴 占領軍と引揚げ者でひしめく街、別府がBEPPUであった頃の戦後史。地域戦後史を東アジアの視野から再検証。 2200円

# 十五年戦争と軍都・佐伯 ある地方都市の軍国化と戦後復興

軸丸浩 満州事変勃発から太平洋戦争終結まで、連合艦隊・海軍航空隊と共存した地方都市＝軍都の戦中戦後。 2000円

# 戦場の漂流者 千二百分の一の二等兵

語り・半田正夫／文・稲垣尚友 戦場を日常のごとく生き抜いた最下層兵の驚異的漂流記。 1800円

# 占領下のトカラ 北緯三十度以南で生きる

語り・半田正夫／文・稲垣尚友 米軍の軍政下にあった当時、島民の世話役として生きた帰還兵の真実の声。 1800円

# 占領下の新聞 別府からみた戦後ニッポン

白土康代 別府で昭和21年3月から24年10月までにGHQの検閲を受け発行された52種類の新聞がプランゲ文庫から甦る。 2100円

# 日本統治下の朝鮮シネマ群像 《戦争と近代の同時代史》

下川正晴 一九三〇～四〇年代、日本統治下の国策映画と日朝映画人の個人史をもとに、当時の実相に迫る。 2200円

巣に近づき過ぎるのは大変危険です。かつてヤマガラがコゲラの古巣を利用しての育雛中にアオダイショウが巣穴に潜入する場面に遭遇したことがありますが、雛たちを呑んだ後も巣穴にじっと潜んでいて親鳥の帰りを待って襲いかかったからです。その時は親鳥が一瞬早く気づいて間一髪のところで事無きを得ましたが、その素早い動きは日ごろ見かける動きからはちょっと想像もつかないほどのものでした。鬼瓦下のアオダイショウもきっと同じことをたくらんでいるに違いないと思うからです。ただ、今回はアオダイショウが巣内にいることを知っていますので、賢くて用心深いスズメのことですからドジをふむようなことはしないでしょうが、それでもやはり近づき過ぎは大変危険です。集団でヒステリックに鳴き騒ぎ続けていますが、巣内からは何の反応もなくて無気味に静まりかえったままです。日射も強まり、屋根瓦下の温度は相当上がっているはずで、そのうち耐えきれずに出て来るにちがいないと固唾を呑んで見守るもなかなか出て来ません。と、十五時三十七分に鬼瓦下で雛の鳴き声がしました。空耳かと疑った次の瞬間、なんと鬼瓦下の隙間から雛が転げ落ちるようにして飛び出て来たのです。奇跡的に生き残っていたのです。雛が何羽いたのかははっきりしませんが、鳴き声からして複数羽いたことだけは確かです。しかし、その後に続くものはなく、生き残ったのはその一羽だけだったようです。

自宅周辺は住宅がたて込んで、ここ数年はヘビなど見かけたことがありませんでしたが、近くに丘陵があるのでそこからやって来たのでしょう。それにしてもどうしてスズメの巣があることを知り、屋根上にはどこからどうやって上がったのでしょうか。その知覚と運動能力には驚きです。雛が巣立つ決定的な瞬間の場面を撮影しようと隣家の承諾を得て自宅の窓際に数日前からセットしていたカメラには、巣から出て来る雛に代って、巣に入って行くアオダイショウの姿を収める結果になりました。

## 困ったネコ

現在の家には生まれてこの方七〇年近く住んでいますが、ネコは私が物心ついたときからずっといます。貰ったとか買ったということは一度もありませんが、それでもなぜかいつもいるのです。現在いる黒ネコもそうで、いつの間にかどこからかやって来て居着き我が物顔でいます。先代のネコも、先々代のネコも同様でした。ただネコが居着くことで一つだけ困ったことがあります。それは庭にやって来るスズメをはじめとする野鳥たちを捕ることです。

野鳥たちのために給餌や水浴び場を設け、できるだけ自然に近い状態にということで庭木の剪定なども控えめにしていますが、そのことがかえってネコにとっては忍び寄るのに都合が良くなっているようです。結果的には野鳥たちを呼び寄せ油断させておいてから捕ることになりますので背信行為もいいところで心が痛みます。それに皮肉なことに我が家にすみつくネコはどれも野鳥を捕るのが上手で困っています。

実は、先述のアオダイショウの襲撃から奇跡的に逃れることができたスズメの雛もその後すぐ黒ネコに捕られてしまったのです。巣から飛び出た雛が庭木の低い茂みに落下すると、親鳥たちのけたたましい鳴き声がしました。歓喜の鳴き声とはちょっと違うように思っていると、目敏い妻が〝ネコが‼〟と興奮ぎみに叫びました。指差す先には既に雛をくわえて走り去る黒ネコの姿がありました。それはなんと我が家に居着いているネコだったのです。

我が家に勝手に居着いたネコたちは、これまでスズメのほかにもメジロやアオジ・ヤブサメ・シロハラ、それにキジバトの幼鳥などを犠牲にしていて、しかも半殺しにした状態で誇らし気⁉にわざわざ見せに来るのにはほとほとまいっています。少しは私の気持ちを察し立場を考えてくれよと言いたいところですが、相手がネコではどうしようもありません。

ネコは、経典をネズミの害から守るために仏教とともに移入されたと言われています。それで俗に、ネズミを捕るのがネコで、鳥を捕るのはトコ、ヘビを捕るのはヘコなどとも呼ばれることがあります。なんでも奈良の春日神社にはネコがスズメを捕食している意匠がある鞘《さや》の太刀があるとか。一方、アメリカのペンシルベニア州では野良ネコの食事メニューの約一割がイエスズメだったという報告もあります。スズメにとってネコはどうも古くからどこでも怖い存在のようです。

話はちょっと変わりますが、日光東照宮の徳川家康の墓がある奥宮の入口には左甚五郎作とされている有名な「眠り猫」の彫刻があるのはよく知られているようですが、その裏側に二羽の羽ばたくスズメの彫刻があることはあまり知られていないようです。眠るネコのすぐ後ろにスズメを配置することによって弱肉強食の戦国時代が終わって平和な世になったとの意味が込められているのでしょう。私の家の庭でもこのようにスズメとネコが平和に共生できたらと願っていますが、実現させるにはどうすればよいか苦慮しているところです。

隣家の棟瓦下に営巣するスズメを見張る黒ネコの〝クロちゃん〟

巣に帰るスズメを辛抱強く待つ〝クロちゃん〟
写真は上・下とも
2000年５月６日　熊本市春日の自宅から

巣を探るネコ
2003年５月22日　熊本市春日で

日光東照宮の眠り猫(中央)と雀(上)
(地方自治法施行60周年記念
バイカラー・クラッド貨幣)2012年

### 〈スズメの寿命〉

天敵も多い中で、スズメは何年くらい生きるのでしょうか。卵から孵った雛が死ぬまでの期間には、生理的寿命と生態的寿命の二つの考え方があります。

生理的寿命とは、恵まれた生息条件下で老衰により天寿を全うしたときのように生理的な生命の限界まで生きたときの寿命のことで、サケやある種の昆虫のように産卵したら死ぬような場合がこれに該当します。それに対して生態的寿命とは、野生に生きて天敵に殺されたり、あるいは飢えや病気などで天寿を全うできずに死ぬ場合の寿命のことです。現実的には食う食われるの厳しい自然界で天寿を全うするのは極めて困難ですので生態的寿命ということになります。

生態的寿命には個体差が大きいので、平均値を平均寿命、最長寿記録を最高寿命としています。スズメの生態的寿命は、足環を付けた標識調査で知ることができますが、卵から孵った雛の四羽のうちの三羽、つまり七五％は一年以内に死んでいて、平均寿命はわずか約一・三年となっています。ただ成鳥になるまで生き延びたものは、その後はある程度長く生きるようですが、それでも普通には三年未満でしょう。標識調査でこれまでに分かっている日本でのスズメの最長寿記録は七年二か月ですが、その時点で放鳥されていますので、今後再捕獲されるとこの記録は更新されることになります。

飼育すると寿命は一般に野生のときより長くなり、上手に飼育すると生理的寿命に近づけると考えられます。日本での飼育下での最高寿命は雌スズメの一三年一〇か月というのがあります。次も雌スズメの一一年八か月で、雄スズメでは五年三か月が最高で、スズメ社会でもどうやら雌の方が長生きしているようです。要するにスズメは野生では普通二～三年生き、上手に飼育すると一〇年以上生きるということです。

ちなみにスズメと近縁のイエスズメでは、クレア・キップスの『スズメと私』によると、孵化したばかりで落ちていた赤裸の雛を保護し育てたクレランスと名付けた雄のイエスズメは一二年と約二か月生きたそうです。

# 群れ

## 天敵対策は群れで

雛たちは巣立ったらもう巣に帰ることはありません。しかし、親鳥の元を離れて独立した幼鳥たちがどこでどういう生活をしているかは今ひとつはっきりしていません。巣立った地域によっても異なるでしょうが、親鳥の生活圏の周辺に留まるものと、親鳥の元から遠く離れた地に新天地を求めるものとの大きく二つのタイプがあるようです。ことに冬に積雪をみる地域で巣立ったものは遠くに新天地を求める傾向が強いことは先述のとおりです。

親鳥の生活圏近くに留まった幼鳥たちは、数羽で昼間は庭や空き地、公園などで過ごし、夜間には近くの特定の木の茂みに集まって眠るようです。雛たちが独立した生活を始める頃には実りの時季を迎えていますので生活経験が未熟でも餌探しには好都合です。しかし、餌探しばかりに熱中するわけにはいきません。スズメのように自然界で弱い立場にあるものは先述のように天敵も多いので、自らが食べられないよう注意しなければならず、生活経験が未熟な幼鳥ではなおさらです。それには単独でいるより集まって眼の数を増した方が何かと好都合です。スズメやほかの小鳥たちの多くが非繁殖期に群れをなして生活するのはそのためもあるようです。

二回めの繁殖での二番子も七月末までには巣立って遅くても八月上旬にはその年の繁殖は終了します。大役を果たした親鳥たちは番関係を解消して独身生活に戻るようです。その頃はちょうど秋の実りの時季を迎えていて育雛で消耗した体力を回復するのには好都合で、稲田などには旬の新米を求めて多くのスズメが集まります。群れの規模は季節が進むにつれて大きくなりますが、その構成内容などは詳しくはまだよく分かっていません。

## 親スズメの独り寝

二番子や三番子も巣立ってその年の繁殖期が終了する八月上旬には、近所の空き地や舗装されていない駐車場の脇などにはエノコログサをはじめとするイネ科植物の種子も実って食物の種類、量ともに多くなり、庭の給餌台に来るスズメも少なくなります。なにもパン屑やご飯の残りといった単純なメニューに甘んじる必要はなく、季節の新鮮な旬の食物を求めて行動の範囲を広めたようです。

エノコログサのようにスズメが止まると倒れるものでは飛びついて穂をくわえて引き下げ、足で押えてついばみます。春から夏にかけての育雛で消耗した体力を補充するかのように新鮮な旬の食物を貪るように食べているのを見かけます。

十月、郊外の実った稲田には今年巣立った幼鳥たちが群らがっていますが、寒露の候（八日頃）

を迎える頃になると、家の周辺ではしばらく見かけなくなっていたスズメの元気な鳴き声が聞けるようになって賑やかさが戻ってきます。既に雌雄の二羽連れで行動しているものも多く見かけます。この春から夏にかけて育雛した番かどうかは分かりませんが、この時季に番が早くも形成されていることは間違いありません。

スズメの成鳥は、この時季の夜には単独か番で人工建造物の隙間などに就塒しています。それで、この頃に夜間の冷え込みが急に厳しくなったりすると、換気扇やストーブの煙突などから間違って室内に飛び込んでしまうことがよくあります。南方起源のスズメは寒さが苦手のようですが、近年の家屋は気密性が高くてスズメが塒にしたり、営巣したりできる隙間が少なくて生活しづらくなっているようです。昭和五十四年（一九七九年）十月四日の朝、隣に新築中の竣工前の二階の部屋からスズメが二羽連れ立って飛び出てきました。塒にはまだ人が住んでいない家でもよいようで、竣工まで待ちきれなかったようです。つい分譲住宅の入居順番待ちする人間社会の現状と重なって見えてしまいました。

## 群れの利点

「生協の商品引き渡し場所になっている近所のマンション玄関前に米が少しこぼれたので箒と塵取を取りに帰って行ってみると、既に数羽のスズメとハシブトガラスが一羽やって来ていて、またたく間にきれいに食べてしまった。日ごろはスズメもハシブトガラスもあまり見かけないのにどこからやって来たのでしょうかね…？」

と、妻が不思議そうに言っていました。

大晦日の夕方に玄関先に飾り付けた正月用注連縄飾りの稲穂を、元旦の朝にはもうスズメがついばんでいる。公園でドバトにポップコーンを投げ与えている人がいると、いつの間にかスズメも集まって来ます。スズメの餌探しの目敏さにはいつも感心させられます。

鳥は、飛ぶために身軽くする必要から消化管が短くて、あまり食溜ができません。それに小鳥は新陳代謝が激しく、体の割にはエネルギー消費量が大きいので常時食べていなければなりません。ことにスズメのように留鳥性で種子食の小鳥ではその傾向が強くて、ちょっと食べられないでいるとすぐ落鳥してしまいます。しかし、食物はいつでもどこにでも均等にあるわけではありません。植物の実りの時季は種類ごとに違うのはもちろんのこと、同じ種類でも株ごとに微妙に異なっています。人為によって品種改良された稲や麦のように一斉に結実するようなことは野生植物ではありません。それでどこへ行けば食物にありつけるかは死活にかかわる重大な問題です。

食物のある場所を効率よく探し出し、さらに目的の食物を取り出すまでの時間とエネルギーをいかに軽減するかが重要で、スズメは群れることでそのことに対処しています。群れることでまず眼の数を増すことができます。多くの株の中から食べごろに実った株を見つけ出したり、また、どこに落ちているのか分からないような草本の小さい種子を探すのには眼の数が多いほど有利です。うまく見つかると採餌している仲間を目印にしてほかのスズメたちもまねることで効率よく食物にありつくことができます。

また、スズメのように弱い小鳥には天敵も多いので採餌中にも警戒を怠るわけにはいきません。

オシドリ(左)用の餌を
盗食するスズメの群れ
1998年4月14日
熊本市動植物園で

積雪でも餌はみんなで
探せば大丈夫
2005年2月3日
熊本県阿蘇市阿蘇町で

緊張がはしる!? 群れだと眼や耳の数が増すので危険の察知も早くなる
2000年4月8日　熊本市薄場町で

群れで採餌することによって眼や耳の数が増しますので一羽当たりの警戒時間が削減でき、その分も採餌に充てることができます。近縁のイエスズメについてのイギリスでの観察によると、一羽当たりの、単位時間当たりの餌をつつく回数は、群れの規模とともに多くなり、また天敵への警戒や採餌地での移動も小さくなることがどこの採餌場所でも認められたという。

眼や耳が増すと天敵の接近もより早く察知でき、場合によっては群れの力で防衛することだってできるでしょう。仮に不幸にして仲間の一羽が犠牲になったとしても、残ったほかのものはその間に逃げることができます。最初の一羽が犠牲になる確率は、群れの規模が大きくなるほど希釈効果が増して低くなります。つまり、「みんなでいれば怖くない」のはこのような理由によっており、このことを裏返せば独りでいるとなんとなく不安な気分になることの説明にもなります。

要するに群れることで安全についての心理的な余裕が生まれ、その分だけ採餌にも専念できるということです。小型のタカやハヤブサの仲間などの天敵が増加する秋から冬にかけて群れの規模が大きくなるのには、そういった理由もあるようです。

### 集団就塒

群れることによる心理的な安心感の効果は昼間よりも夜間の方が大きいでしょう。いわゆる鳥目（少しは見える）で、昼間ほど自由に行動できず、夜間の方が捕食される確率も高いと考えられるからです。昼間にはそれぞれ採餌なわばりのようなものをもって過ごしていても夜間には大きい集団で塒をとる鳥が多いのもたぶんそういう理由によっていると考えられます。

集団就塒は、安心感を得るほかにも、食物についての情報交換や、社交の場となるなどの利点もありそうです。つまり、前日に食物の豊富な在処を探し当てたものは、翌朝は迷うことなくその場所に直行するでしょうから、そのものが情報伝達の意思など特になくても、前日に食物にありつけずに行き先を迷っていたものたちはその後について行けばよいのです。集団就塒場へ集まって来るときよりも飛び立って行くときの方が短時間で群れが大きいのを見ていると、特にそのように思えるのです。また、配偶者や気が合う仲間と出会う場としても役立っていると考えられます。

## 雀のお宿は繁華街

スズメの集団就塒場、つまり〝雀のお宿〟といえば、一昔前までは『舌切雀』の昔話をはじめ郊外の竹やぶと相場が決まっていました。それでスズメと竹は組み合わせられて家紋や工芸品などに古くからデザインされています。

ところが、近年、かつて雀のお宿（スズメの集団就塒場）になっていた郊外の竹やぶがあった場所まで市街地が広がって都市化が進んでいます。戦後、なかでも昭和三〇年（一九五五年）代後半からの空前の〝岩戸景気〟による住宅建設ラッシュで、宅地は郊外まで急速に広がっていきました。私が住んでいる熊本市も、昭和五十二年（一九七七年）には全国十八番めの五〇万都市に膨れ上がりました。そのような状況下で、雀のお宿（スズメの集団就塒場）も様変わりを余儀なくされたようです。こともあろうに市街地、それも中心部の繁華街に移ったのです。具体的な時期は、

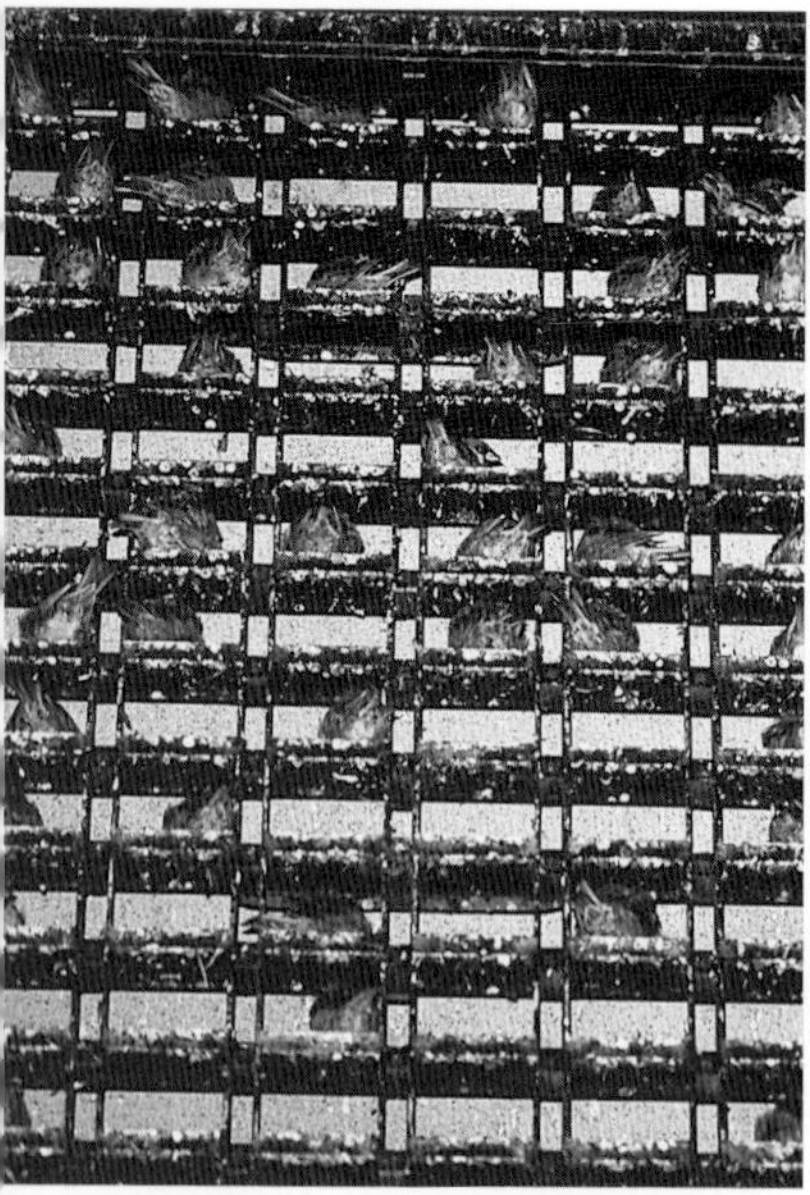

右上　満月の夜に繁華街の街路樹（ケヤキ）で集団就塒
2000年１月21日
熊本市手取本町で

左上　窓のブラインドでカプセルホテルふうに就塒
1990年９月９日
熊本市水道町で

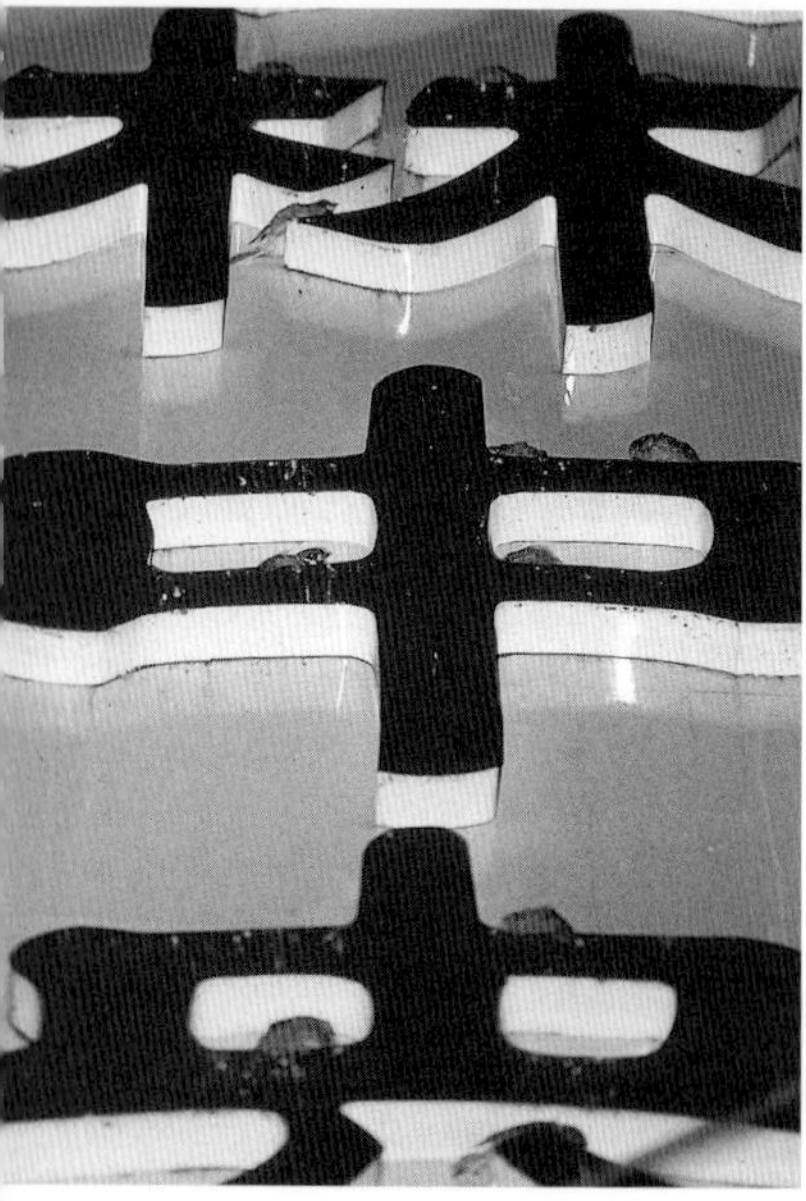

広告塔で就塒
1990年９月９日
熊本市水道町で

私の「鳥日記」によると、昭和四十五年（一九七〇年）十一月十四日の国鉄（現・JR）熊本駅前のクスにスズメの集団就塒と意外そうに書いているのが最も古くて、平成元年八月五日の熊本市水道町交差点の南東側にあるビルと国道3号線沿いのイチョウ並木に集団就塒、平成二年十二月二十八日、熊本市花畑町市電通りのイチョウ並木に集団就塒、平成七年八月二十一日、その南に続く練兵町の肥後銀行本店東側のイチョウ並木にムクドリと合同で集団就塒…と続いています。余談になりますが、ムクドリは熊本県内では昭和五十九年（一九八四年）頃から繁殖が知られるようになったばかりなのに、わずか十余年で殖えたものです。

　どの雀のお宿（スズメの集団就塒場）にも六月になると集まりだします。毎夕、日没時刻の三〇分くらい前から、南ないし南西方向から、数羽から数十羽、ときには百数十羽もの群れで次々と集まって来ます。日没時刻までにはほとんど帰り着きますが、いきなり塒の木に止まるのではなく、しばらく近くの電線やビル屋上の柵などに止まって安全を確認してから一斉に塒入りします。眠りに就くまでは寝場所の確保をめぐる争奪戦が展開され、鳴き騒ぐ騒々しさがしばらく続きます。生徒たちが落ち着きを欠いて騒々しいときなどには、よく〝やぶの内のスズメのようだ〟と揶揄して諭したものです。

　翌朝の塒からの飛び立ちは、日の出時刻の数分前から始まり、日の出時刻までにはほとんど終了します。飛び立ちは、帰って来るときよりも群れの規模が大きくて一気に飛び去っていきます。飛び去る方向は、前日の夕方に帰って来たのと同じ方向で、熊本平野の穀倉地が広がる南ないし南西方向です。昼間スズメが群れている最も近い田畑まででもそれぞれの塒から一・五～二キロメートル

路上を覆うスズメの群れ
2003年１月11日　熊本市画図町で

はあります。スズメも巨大化する都市に適応して生きるために遠距離通勤を余儀なくされているようです。このような繁華街の雀のお宿（スズメの集団就塒場）は、翌春の三月末頃まで形成されています。

## 台風禍

群れることは良いことばかりではありません。平成元年の台風11号は、七月二十七日に九州最南端の佐多岬に上陸した後、九州西岸沿いに足早に北上して朝鮮海峡を駆け抜けて行きましたが、台風通過後の七月二十八日の朝には、熊本県八代市松江城町の八代城跡公園と法務局間の道路には、約一五〇〇羽ものスズメの死骸が痛々しく散乱していました。どれも嘴基部が黄色い当年生まれの幼鳥ばかりでした。台風が八代市に最接近したのは二十八日の午前一時頃で、瞬間最大風速は二六㍍毎秒、雨量も一七㍉で、風雨ともにそれほど強いものではありませんでしたが、この時季の幼鳥は、まだ体脂肪も少なくて体力も十分でないために、街路樹の塒では体が冷えて衰弱死したようです。

同様のことはこれより二年前の昭和六十二年（一九八七年）八月三十一日夜に九州北部を襲った台風12号のときにも起きています。長崎県佐世保市や福岡市中央区の公園の樹木や街路樹で集団就塒していたスズメ数千羽が犠牲になっています。このように台風などの天災に際しては、群れることでかえって大きな打撃をこうむることもあるのです。

### 色変わりスズメ

スズメの大きな群れに出会うと、つい白いスズメは交じっていないかとか黒いスズメは交じっていないかなどと期待して探してしまいます。

スズメの群れにはまれに色変わりのものが交じっていることがあります。それが白化や白変したものですとよく目立ちますので行動を追跡して観察するのに好都合です。

また、羽毛の多彩な色や模様は、自然界での適者生存の理によって長い年月をかけて自然淘汰された結果であり、生存上で何らかのはたらきをしているとみられます。それで普通とは大きく異なる羽毛の色彩や模様のものが出現したら、その鳥には生存上でどのような影響が出るか、また周囲の仲間はその個体に対してどういう接し方をするか興味あるところです。

かつて白変したハシボソガラスやハシブトガラスについて同様の観察をしたことがありますが、どちらの場合も当の白変個体自身は群れにとけ込みたいふうでしたが、周囲の仲間は忌避し、排斥するような行動が認められました。ハシボソガラスやハシブトガラスの場合はやはり黒くなければ仲間として受け入れてもらえないようです。そのことは見方を変えると、このように羽色が異なる個体を排斥することによって見事なまでの全身黒一色の形質が今日まで維持されてきているとも理解されます。

スズメでも色変わりしたものはハシボソガラスやハシブトガラスの場合と同様に仲間から忌避され、排斥されるのでしょうか、それともまた違った接し方をするのか興味あるところです。

綿帽子雀——気分転換を兼ねての夕食の食材買いを散歩がてらに少し遠回りしてみることにしました。加藤清正によって慶長年間（一五九六～一六一五年）に築造されたという白川と坪井川の間に境をする石塘を祇園橋の方から白川橋の方へ自転車でゆっくり進んでいると、白川側の河川敷から、何に驚いたのかスズメが突然パッと一〇羽ばかり飛び立ち、その中に白っぽいのが一羽交じっていました。一瞬、籠抜けしたセキセイインコかと思いましたが、よく見るとスズメが部分白変したものでした。平成三年二月三日（日）の午後四時半頃のことです。

飛んだときには全体が白いように見えましたが、地上に下りたのを見ると、意外にも白いのは頭部だけで、まるで綿帽子を被っているようです。部分的に白変したもので、嘴や眼は普通のスズメと変わらず、喉の黒帯もあります。喉の黒帯はスズメ属（*Passer*）の鳥一五種中一三種の雄（スズメは雌にもある）にある象徴的な優性の形質のようです。この黒斑は、イエスズメの雄では大きいほど雄間闘争で勝者になることが多いとか。飛ぶと翼や尾にも白色羽が見えますが、地上にいるときには目立ちません。頭部の白変は比較的おきやすいのか、博物学が盛んだった江戸時代の鳥類図譜ではこのように頭部が白変したスズメに「綿帽子《わたぼうし》」の俗名まで記されています。

スズメたちは、就塒前の採餌に余念がないようです。と、前方と後方から犬を連れて散歩する人が近づいて来て挟み撃ち状態になり、逃げ場に窮して意を決したように川を渡り、対（左）岸に逃れました。左岸の河川敷は広く、例年ですとこの時期には熊本市恒例の春の植木市が開催されているのですが、今年は波消しのコンクリートブロックが一面に並べられています。一群は河川敷端の川に面した斜面の枯れ草の茂みに舞い下りました。工事用の大型ダンプカーがすぐその上を通りますが一向に飛び立つふうでもありません。ここから集団就塒場があるJR熊本駅前の大クスまでは直線で四五〇㍍くらいで、もうすぐそこへ飛び去るだろうと見ていますが、だいぶ暗くなったのになかなかその気配がありません。就塒するまで見届けたい思いもありますが、まだ買い物も残っていますのでやむなく後日の課題にして立ち去ることにしました。

一週間後の二月十日に訪ねると、前回の三日の最後に見かけた左岸側で再び見ることができました。工事用の車両や人が近くを通ると飛び立ちますが、遠くへ飛び去るふうでもなく、すぐまた近くに舞い下りては何やらしきりについばんでいます。ちょっと見た目には何も落ちていないようですが、何をついばんでいるのでしょうか。

翌十一日は朝から訪ねますと、前日とほとんど同じ場所にいて、前日同様に地上で何かをしきりについばんでいます。人が近づくと群れは飛び立って四散し、堤防背後のビル街に飛び去ることもありますが、しばらくするといつの間にか河川敷に舞い戻っています。一〇羽くらいの群れですが、行動をよく観察していると何組かの小グループがあります。例の綿帽子雀が雄か雌かは不明ですが、ある特定の個体と行動を共にする傾向が認められます。番だったらどんな羽色の雛が孵るか楽しみです。そのうち人通りが多くなり、スズメたちも満腹したのか堤防背後のビル街にいる時間が長くなりました。前日もそうでしたが、飛び立っても右岸側に渡ることは一度もなく、最初に見かけたときはどういうわけだったのでしょうか。十日と十一日の二日間の観察での群れの行動範囲は、白川橋と、その一つ上流側にある泰平橋との中間地点より上流側の河川敷及びその背後のビル街で、後方はどのあたりまで行っているかははっきりしませんが、上流側は泰平橋を越えることはありませんでした。ビル街に行っているとき以外は、左岸側の幅約五〇メートル、

綿帽子雀（左）と普通のスズメ。どうもカップルらしい。
1991年２月11日　熊本市本山の白川左岸で

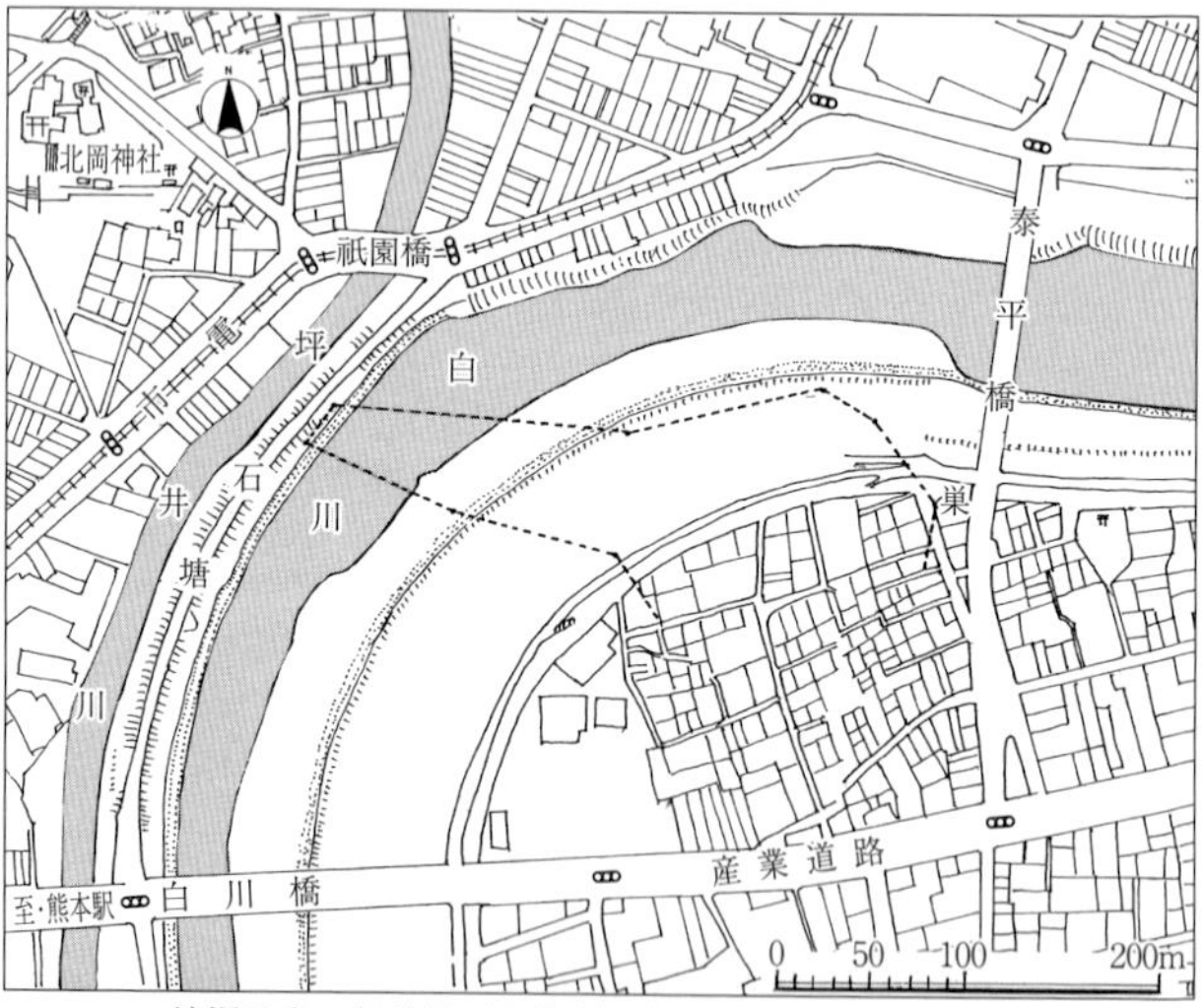


綿帽子雀の行動圏（点線内）（熊本市本山２丁目付近）

流れに沿って約二〇〇㍍の範囲の河川敷で採餌していました。

その後、三月三日に訪ねると、コンクリートブロック置き場が泰平橋際まで広がり、工事用車両の往来も頻繁で、環境は一変していてスズメは見られませんでした。四月からは遠隔地への転勤で観察を続行できなくなりましたが、転勤先で五月十五日の夕方六時からのＮＨＫテレビのニュースを見ていたら、本山町に白スズメがいると放送していて、もしやと思って見ると、やはり綿帽子雀のことでした。泰平橋ぎわのビルの換気孔に番とみられる二羽で交互に出入りしていて営巣しているようでした。

二月に観察したときもそうでしたが、スズメでは羽毛の色が多少変わっていても、白変したハシボソガラスやハシブトガラスのときのように仲間外れにされることもなく普通に溶け込んで番も形成しているようです。どんな羽色や模様の雛がどんな割合で誕生するかの楽しみが現実性を帯びてきました。

綿帽子斑雀――朝の交通ラッシュを避けるために早めに家を出て、熊本市の郊外にある勤務先周辺の田園地帯を毎朝三〇分ほどドライブしながらバードウォッチングを楽しんでいます。平成十四年九月十七日の朝もいつものコースで、用水路脇の農道から県道神水川尻線に出ようとしていると、何に驚いたのか左手前方の稲刈りが済んだ乾田からパッと百羽以上のスズメが飛び立ち、その中に白っぽいのが一羽交じっていました。群れは一斉にガードレール上に一列に並んで止まりましたので、もっと近くからよく見ようと近づこうとしたところ、すぐまた元いた乾田のほぼ同じ場所にパラパラッと舞い下りました。

飛び立たれないように慎重に近づくと、全身が純白ではなくて、頭部は喉の黒帯を除くと綿帽子を被ったように白く、体の部分は白い羽毛がモザイク状に半分くらいある部分白変の個体でした。部分白変の特徴は左右非対称で、先述の白川河川敷に出現したものより白い部分は多くて嘴も白っぽい色をしていました。

〈消息を絶つ〉

翌、十八日の朝は、前日に綿帽子斑雀がいた場所に直行しましたが、群れは同規模のがいましたが、〝綿帽子斑雀〟は交じっていませんでした。ほかの場所の群れに交じっているかもしれないと、あたり一帯の群れを見てまわりましたが、それでも見つかりませんでした。次の日も、またその次の日も探しましたが見つかりませんでした。毎朝群れを見かける場所はだいたい決まっているのにどの群れにも交じっていないということは、天敵に捕食されでもしたのでしょうか。付近にはチョウゲンボウやコチョウゲンボウが飛来していてスズメの群れを襲っているのをよく見かけます。白っぽいのは目立つのでねらわれやすいでしょう。

あるいはどこか遠くに移動したのかもしれません。この時季、集団就塒場から飛び立つときの様子を思い浮かべると、どこかほかの採餌場へ移動した可能性も否定できません。毎朝、同じ場所で同規模の群れを見ると、つい群れの構成メンバーも前日と同じと思いたくなりますが、実際の構成メンバーは案外入れ替っているのかもしれません。そういう疑問を解く貴重な手がかりも無くなって残念です。

〈再会〉

年も改まって、平成十五年一月十日朝のことです。いつものように勤務先の東方一五〇㍍にある灌漑用水路の幅一〇㍍にも満たない大井手川左岸沿いの農道を流れに沿うように南方に向かっていると、何に驚いたのか、対(右)岸の乾田からワッとスズメの群れが飛び立ち、その中に白っぽいのが一羽交じっていました。あの綿帽子斑雀でしょうか。近寄って見るとやはりそうでした。まだ生きていたのです。もう半ば諦めて忘れかけようとしていた四か月ぶりの再会で、嬉しくなりました。

綿帽子斑雀（左）と普通のスズメ
2003年1月11日　熊本市画図町で

翌、十一日(土)は仕事は休みでしたが、いつものように朝から訪ねると、前日に見た場所の北東約二〇〇㍍の左岸で、前年の九月十七日に初めて見た場所の北約一二〇㍍地点の乾田にいました。その後はまたしばらく見られなくなりましたが、十六日に県道神水川尻線の北側の乾田で見つかり、以後二十日まで毎日見られました。

これまで確認できた居場所を四千分の一の地形図上に書き込んでみると、大井手川に沿うように県道神水川尻線をまたいで南北六六〇㍍、東西二〇〇㍍の長方形の行動範囲が見えてきました。これは先述の白川河川敷のものの十三倍もの広さです。行動圏の広さは、群れの規模やその地の食物量によって変わるでしょう。一月には落ち穂などは底をつき、種子食のスズメには一年中で食物が最も不足する厳しい時季になります。群れの規模はこの時季に一年中で最も大きくなり、食物を探して放浪します。そのうちに群れは不安定になり、集合離散によって拡大、縮小を繰り返し、繁殖期を迎えると離散してしまいます。このことが綿帽子斑雀の観察をとおしておぼろげながら分かってきた秋から冬にかけてのスズメの群れの実態です。また、この綿帽子斑雀も先述の綿帽子雀と同様に仲間外れされることなく普通に行動していることも分かりました。

白雀――平成九年十二月八日の昼休み時間に、知らない若い女性から嬉しい電話がありました。なんでも白雀がいるというのです。しかもそれはどうやら校区（熊本市秋津町）内のようです。電話を聞きながら壁の校区地図で確認すると間違いありません。わざわざ私の転勤先まで調べてお電話していただいたのだそうで、有難くて感謝の気持ちでいっぱいです。

それにしても全くもって灯台下《もと》暗しの情報で、嬉しくも少々複雑な気もします。白雀がいるのは学校から二キロメートルくらいの場所で、車でなら五分以内で行け、すぐにでも見に行きたいところですが、そういうわけにもいきません。白雀は一般に短命といわれていますので早く見ておかねばと思いますが、だいぶ前から餌付けされているということですから今日明日にいなくなることもないだろうと週末まで見るのを我慢することにしました。

〈呆気ない出会い〉

十二月十三日（土）は朝から天気も良く、まだいてくれることを念じながら、姿を見せるという九時までには行き着くようにと家を出発、場所は店が目印ですぐに分かり、予定通りに目的地に着きました。

たこ焼き・焼きそば・お好み焼きのほか、パンやインスタント食品なども扱った日用食料品店で、店の前には飲料水やタバコなどの自動販売機が七台のほか、入口前の庇様のテント内にはゲーム機も設置してあり、三、四人の小学生がゲームに興じていました。本校の児童で、白雀のことを聞いてみましたが、興味がないようで知らないとのことでした。それで、店内に入って店主に白雀を見に来た旨を話していると、「今来た‼」と言って指差されました。指先の方に振り向くと、南隣との境に設置されている自動販売機の上にいる五、六羽のスズメの中になんと白雀が一羽いるではありませんか。まだいてくれてホッとしました。探し出すにはだいぶ努力しなければならないだろうと覚悟していただけに、呆気なく見られて少々拍子抜けした気分です。

店主が、たこ焼き台前面のガラス窓を開けてパン屑をまくと、待っていましたとばかりに白雀もろとも一斉に舞い下りてついばみました。窓のすぐ下で人怖じするふうでもなく、至近距離から手に取るように見えます。全身が見事に白いが、眼は赤くなくて黒っぽく、よく見ると頭上や耳羽の部分もかすかに褐色みを帯びていて完全な白子（アルビノ）ではありません。淡化とかバフ変（leucistic《リューキスティック》）といわれる完全白変の未完成型で、それにしても見事な白さです。白は膨張して見えますが、それでもほかのスズメより少し小さめです。

パン屑の給餌は数年前からやっているそうですが、白雀は今年の五月初めに親鳥に連れられてやって来たそうで、連れていたのはこの白雀一羽だったとか。当初は毎日来ていたが、九月末から来なくなって心配していたところ十一月末から再びやって来るようになったとのこと。

パン屑を食べ終えると、みんな店の道向かいに移って歩道脇のツツジの植え込みで落ち葉をカサコソやって餌探しを始めました。人が通ると一斉に舞い上がって落葉したケヤキの街路樹に止まり、通り過ぎるとまた舞い下りて餌探しを始めます。店の前はバス停になっていて車や人の往

白雀（手前）と普通のスズメ（後方）
1997年12月25日　熊本市秋津町で

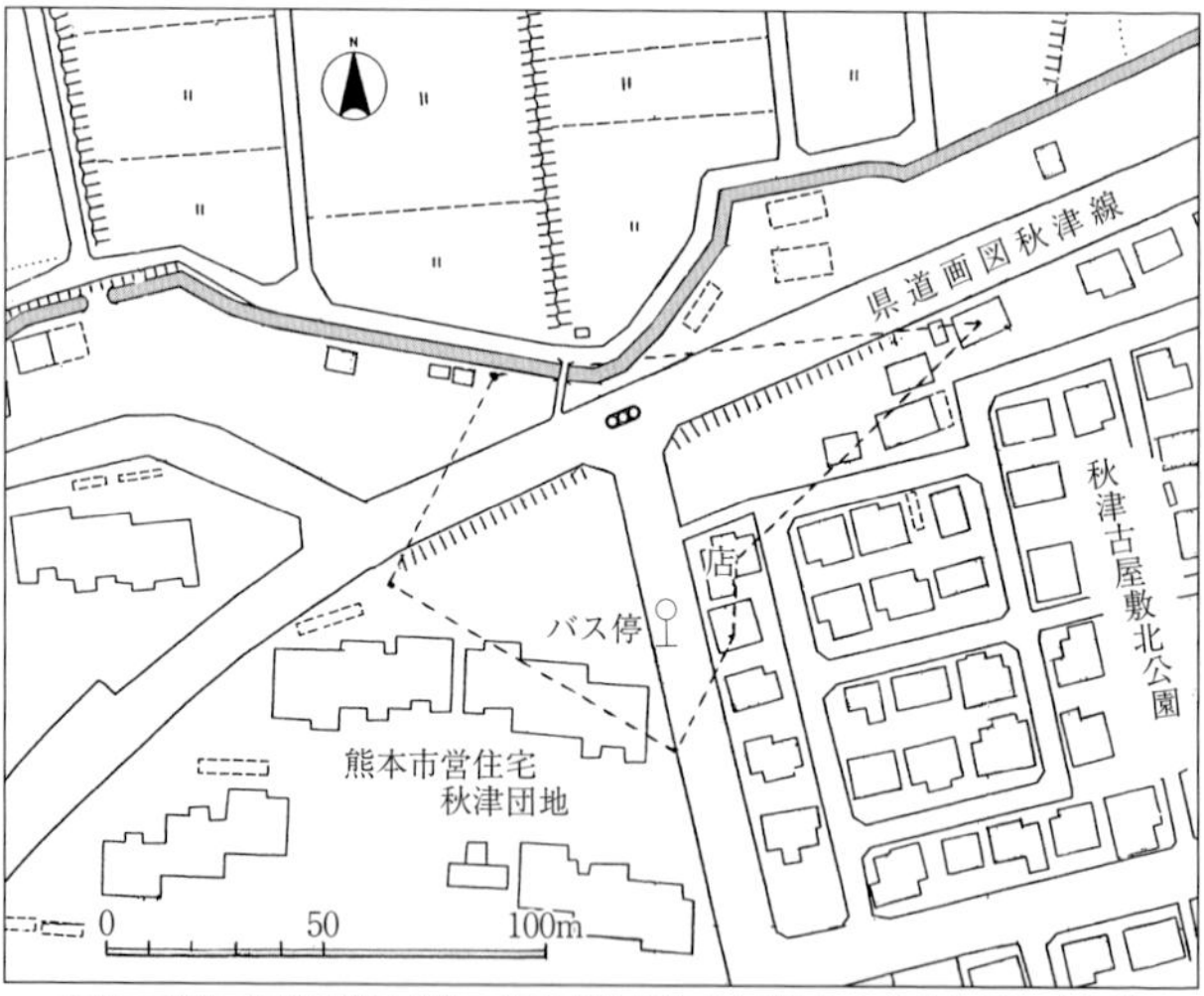


白雀の群れ行動期（12月）の行動圏（点線内）（熊本市秋津町秋田付近）

来がはげしく、落ち着いて餌探しができないようです。この白雀も、先述の綿帽子雀や綿帽子斑雀と同様に白いからといって仲間外れされることなく、普通に行動しているようです。強いて言うなら、ほかのスズメたちよりツツジの根元付近にいることが多くて、明るい場所を避けているようだということです。メラニンが不足しているので強い光が苦手なのでしょうか、それとも白くて天敵に目立つことを恐れているのでしょうか。

〈狭い行動範囲〉

店の南側と東側は生け垣に囲まれた庭つきの真新しい二階建ての家々が立ち並ぶ新興住宅地で、道向かいの西側にはコンクリート三階建ての熊本市営秋津団地があります。すぐ道向かいは団地の駐車場で、北側にも民間の駐車場があります。そのすぐ北側を県道画図秋津線が東西方向に通っており、それを越えると田んぼです。行動範囲は意外と狭いようで、主に道向かいや北側の駐車場にいて、東側や南側にはせいぜい両隣くらいまでしか行かず、餌探しをしていないときには南隣の人家の庭木や生け垣の茂みで休んでいます。昼間の行動範囲は、東西方向は最大で一四三メートル、南北方向は九〇メートルほどで、面積は最大で約五八〇〇平方メートルで、通常はそのうちの幅約八〇メートル四方、三〇〇〇平方メートルの範囲で大半の時間を過ごしています。

毎朝九時頃にやって来るということでしたが、それは単にその時刻にパン屑が与えられているからであって、それ以外の時刻でもパン屑を目立つようにまくとすぐどこからともなくやって来ました。スズメたちは店主を覚えているようで店外に出ただけですぐどこからともなく集まって来ました。

白雀は、目立つことから天敵にもねらわれやすくて、一般に短命といわれています。この時季まで生き残れているのは、この場所が人の姿が多くてハシボソガラスやハシブトガラスなどの大型のカラスや、小型や中型のタカやハヤブサの仲間などの天敵が近づき難いことと、パン屑の給餌によって食物が保障されているといった好条件が重なってのことでしょう。ただこの時季、北側の田んぼではハヤブサの仲間のチョウゲンボウがよく見られますので、田んぼには行かないようにと念じながら日暮れ前に帰路につきました。

〈尾羽が抜け、そして二週間後に〉

年が明け、再度訪ねてみようと思っていると、一月九日に店主から「白雀の尾羽が無くなっている」との電話がありました。ちょうどその日は午後から出かける用がありましたので行きがけにちょっと立ち寄ってみましたが、白雀は見られず、代わりに県道北側の田んぼ脇の電柱にチョウゲンボウが止まっているのが見られて何か嫌な予感がしました。

しかし、その後も、尾羽はなくても毎日パン屑を食べに来ていると聞いてホッとしました。ところが一月二十七日の朝に店主からまた電話があって、先週の金曜日（二十三日）の夕方までは見かけたが、土曜日から来なくなったとのことでした。二十三日未明から熊本県内は大雪になり、熊本市内でも十一年ぶりに二㌢の積雪があり、たぶんこの雪と寒さで死んだのではないだろうかとのことでした。そして、雪が消えても白雀が再び姿を見せることはありませんでした。

黒雀——南国九州の低地では近年雪が降ることが少なくなったようです。これも地球温暖化の影響なのでしょうか。それで雪が降ると年がいもなくつい余計に浮き浮きしてしまいます。昨夜

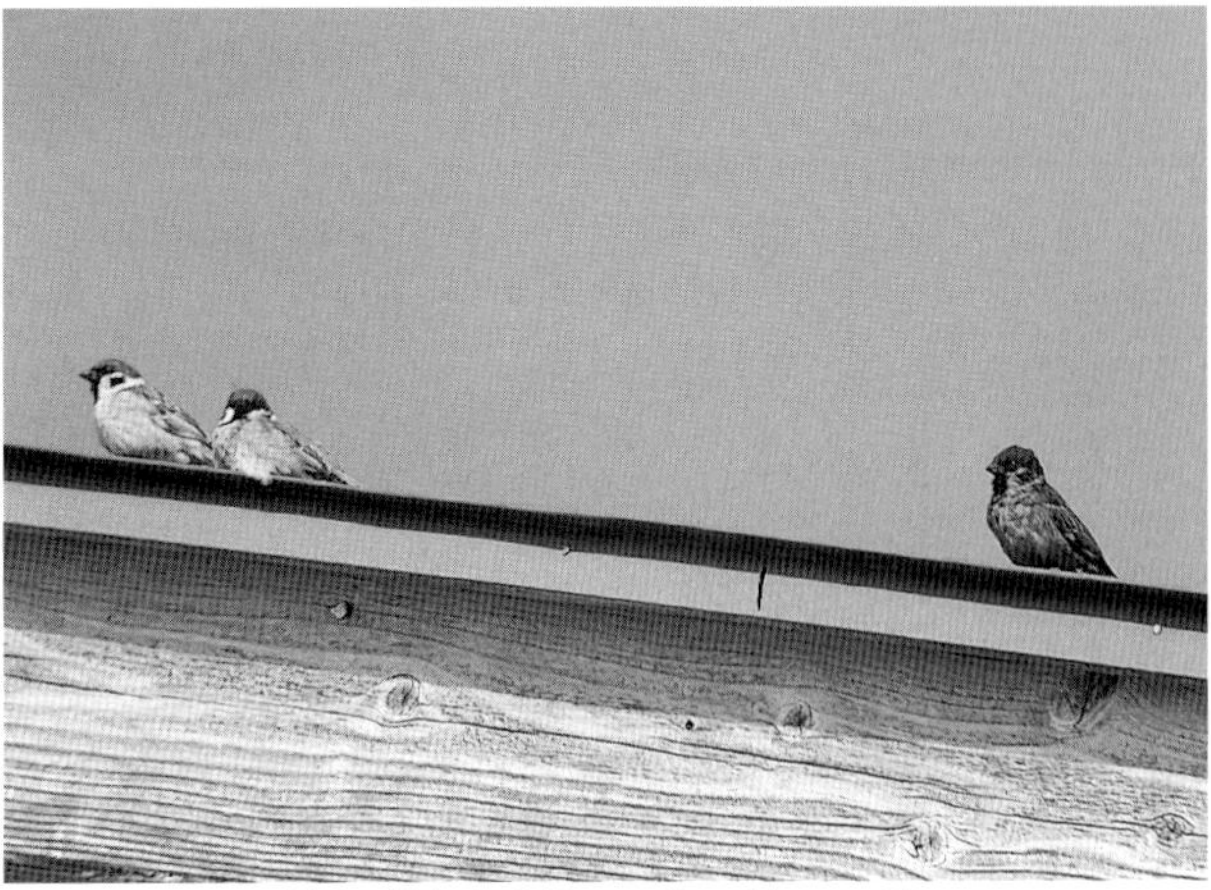

黒雀（右）と普通のスズメ（左の２羽）
2000年２月20日　熊本県阿蘇市阿蘇町の阿蘇観光牧場で

の熊本市内での雨も、阿蘇ではきっと雪だったことでしょう。たぶん平成十二年は最後の雪見チャンスになるだろうと、二月二十日に阿蘇を訪ねることにしました。

しかし、阿蘇カルデラ内には予想に反して雪はあまり残っておらず、白く見える北外輪山を目指すことにしました。北外輪山上では一時閉鎖されていた阿蘇観光牧場が再開されていて、スズメやハシブトガラスなども戻って来ていました。一面白銀の世界も良いが、そこに鳥の姿があるとホッとしてなお良いものです。わずかに露出した地面にスズメが一〇羽ばかり集まって餌を探しており、その中にやけに黒っぽいのが二羽います。初めはクロジの雄かと思いましたが、それにしては小さくて、よく見るとなんと黒化したスズメでした。周囲が雪で白いので黒さが余計に目立ちます。羽色の基本模様は同じですが、全体に陽焼けしたというか、煤けているといった感じです。黒っぽいと実際より縮んで小さく見える傾向がありますが、そのことを抜きにしても二羽はやはりほかのスズメより少し小さめです。

黒化したスズメは、白化ないしは白変したスズメより見かける確率は高いように思いますが、このように山地で見るのは初めてです。観光牧場といってもニホンジカが十数頭木柵の囲いに放し飼いされていて、食堂兼土産品店の平屋建てが一棟あるだけで、周囲は原野です。スズメはその建物の周辺の地面が露出した場所で採餌していてあまり遠くに飛ぶふうでもなく、写真も撮れて思わぬ収穫があり、良い雪見になりました。

### 〈羽毛の色〉

鳥の羽毛の多彩さは、羽毛に含まれる色素による発色（色素色）と、羽毛表面の微細構造による光学的現象での発色（構造色）との組み合わせによっています。

羽毛に含まれる色素には色素細胞（メラノサイト）で生産する約一ミクロン（一〇〇〇分の一ミリメートル）の棒状で黒または灰色のユーメラニン（真正メラニン）と、卵形で赤褐色からくすんだ黄色までの一連のくすんだ褐色のフェオメラニンのほかに、食物として取り入れて細胞内に蓄積したカロチノイド系色素とがあります。北原白秋の童謡「赤い鳥　小鳥　なぜなぜ赤い　赤い実を食べた…」というやつです。フラミンゴはカンタキサンチンの蓄積でピンク色になり、ショウジョウトキやカナリヤは唐辛子成分のカプサイシンでより赤っぽくなります。

しかし、青や緑、紫などの色素は有しておらず、これらの色は羽毛表面の微細な構造がプリズムのようなはたらきをして光の干渉と呼ばれる物理的現象で虹ができたり、シャボン玉やＣＤの表面が色々な色に見えるのと同じような原理で光が波長の違いによって分離され、ある波長の色光は反射され、あるいは吸収されたりしての発色で、色素による発色と異なり、金属光沢があって見る角度や光の当たり具合で色が変化するのが特徴です。

鳥の羽毛の色はこのように自らの色素細胞（メラノサイト）で生産するメラニン色素と食物からのカロチノイド系の色素、それに羽毛表面の微細構造の組み合わせによって多彩になっているのです。

このように鳥自身の体内で生産されるのはメラニン色素だけで、スズメが白くなったり、黒くなったりするのはメラニン色素の量の異状によっています。メラニンは食物から取り込んだアミノ酸のチロシン（無色）がチロシナーゼという銅を含む酵素によって酸化されてでき、その量が通常より少ないと羽毛は白っぽくなり、逆に多いと黒っぽくなります。メラニン生産には一二〇以上もの遺伝子が関与していて、突然変異でその機能が失われるとメラニンが生産されずに全身が純白の白子（アルビノ）になり、眼は毛細血管の血液が透けて赤く見えます。非常にまれな現象で、一〇万ないし一〇〇万羽に一羽くらいの確率で出現するといわれています。

メラニンは羽毛に色をつけるだけでなく、遺伝子を傷つけて皮膚癌の原因ともなる紫外線を防御する大切なはたらきをしています。色素細胞（メラノサイト）で生産されたメラニン（特にユーメラニン）は非常に安定した高分子化合物で、メラノソームという小胞に包まれ、羽毛を形成している角化細胞（ケラチノサイト）に移送されて細胞核の上に核帽と呼ばれる形で存在して紫外線を吸収し、遺伝子が傷つくのを防いでいるのです。それで紫外線が強まると防御のためにメラニン生産が高まって色黒（日焼け）になるのです。鳥獣のように温血動物

（恒温動物）は寒冷で乾燥した気候では色白になり、温暖で湿潤な気候では色黒になる、というグロージャーの規則は、紫外線への適応を示しています。

さらにメラニンには、体温の制御や抗菌作用、不安定な毒性物質を吸収するなどのはたらきもあります。また、メラニンが少ない羽毛はもろく擦り切れやすくなるようです。一方、色素細胞（メラノサイト）は、視聴覚の機能にも関係していて、白子（アルビノ）は眩しさや難聴に悩まされるほか、食欲の制御不全で肥満になったりするともいわれています。

メラニン量の異常は、遺伝的な原因によることが多いが、部分白変の多くは食物やホルモンのバランス、病気やショック、あるいは加齢などによっておきるとみられています。いずれにせよメラニン量は、長い進化の歴史をとおして種類ごとに適量が決まっていて、少な過ぎても、多過ぎても生存上に何らかの不都合で生じるのではないかと考えられます。

## 〈羽毛の手入れ〉

鳥の最大の特徴は羽毛を有していることで、羽毛があってこそ鳥です。羽毛は汚れや寄生虫を落として常に清潔に保っておかなければなりません。それで鳥は羽毛の手入れには大変気遣っています。

羽毛の手入れ法で最も普通に行われているのは水浴びです。浅い水溜まりに胸を沈めて翼をばたつかせ、膨らませた羽毛の間にまで水を行き渡らせて汚れや寄生虫を洗い落とします。それが済むと入念に羽繕いをし、仕上げには尾羽の付け根にある脂腺から出る脂を嘴で羽毛全面に塗ります。すると羽毛につやが出て防水効果も生じます。

ところで、羽繕いのときにはよく頭を掻きます。片足立ちでもう一方の足で掻くのですが、その方法には直接掻く〝直接法〟と、翼と体の間に足をまわし掻く〝間接法（翼越し法）〟の大きく二つの方法があります。スズメは間接法で、ほかにも小鳥の大部分がし、アマツバメの仲間やカワセミの仲間、ヨタカ・ブッポウソウ・ヤツガシラ・サケイ・オウムやインコの仲間・エボシドリの仲間・ハチドリの仲間・ハチクイの仲間・サイチョウの仲間などの陸鳥と、水鳥ではペンギンの仲間、チドリの仲間やミヤコドリ・セイタカシギ・グンカンドリの仲間などが知られていて、これ以外の鳥が直接法とみられています。ただツバメは間接法ですが、飛翔中には翼を下げられないので直接法というように通常は間接法の鳥がときに直接法で頭掻きすることはあります。しかし、その逆の通常は直接法の鳥が間接法で頭掻きするということはないようです。同じウグイス科の鳥でもコヨシキリやセッカ、オオセッカなどは間接法で、オオヨシキリは直接法というように鳥種ごとにだいたい決まっています。

キジバトやドバトは浅い水溜まりでの水浴びのほかに、雨のときには体を横たえて片方ずつ開いて上げた翼の裏側に雨を受けての〝雨浴び〟もします。また、カラ類やキクイタダキなどは木の葉についた朝露や雨の雫などでも浴びます。

ニワトリは、ご存知のように水浴びはしないで、砂浴びをします。日当たりが良いよく乾いた砂地に横たわって、足で砂をはね上げて羽毛の間に取り入れたり、砂で羽毛を擦ったりしています。砂浴びは乾燥気候に適した羽毛の手入れ法で、同じキジ科のキジやヤマドリ・

水浴び
1996年12月 8 日
鹿児島県出水市高尾野町で

雪解け水を浴びる
2000年 2 月20日
熊本県阿蘇市阿蘇町の阿蘇観光牧場で

集団での砂浴び。乾燥気候に適した羽毛の手入れ方法です。
1990年11月11日
熊本市城山上代町で

羽繕い　いそがしく濡羽つくろふ雀ゐて夕かげ早し四五本の竹　北原白秋

小鳥に一般的な間接（翼越し）法での頭掻きをするスズメ
写真は上・下とも1997年４月13日　熊本市春日で

コジュケイ・ウズラのほか、ライチョウ（ライチョウ科）や、小鳥のスズメやヒバリ、それにハシボソガラスなどもします。スズメやハシボソガラスなどは水浴びと砂浴びの両方をしますので、水浴び後にすぐ砂浴びをするとまるで黄な粉餅状態です。スズメはさらに雪浴びもします。

このほかにも変わった羽毛の手入れ法として煙浴びがあります。煙の中を飛びまわったり、煙の中にじっとたたずんでいたりするもので、寄生虫の駆除に効果があるのではないかと考えられます。ブッポウソウで古くから知られており、カラス科のオナガやハシブトガラス、カササギなどもします。ハシブトガラスは雨や湿度の高い日によくし、それも四月から七月にかけてが多く、冬にはほとんどしないようです。スズメも煙を浴びているというふうではありませんでしたが、煙がくすぶるごみ焼き場で煙をものともせずに採餌しているのを見たことがあります。

また、蟻浴びというのもあります。アリが集まっている場所に腹ばいになって体にまとわせるもので、嘴でアリをくわえて翼や羽毛の間に積極的に入れたりもします。カラス科のカケスやオナガ・ハシボソガラス・ハシブトガラスなどのほか、ヤマガラやムクドリ、ホシムクドリ、ホオアカなどでも知られています。蟻酸によるハジラミの駆除や殺菌などの効果があるのではないかとみられていますが、ハシブトガラスではアリを食べるのも観察されています。

このように羽毛の手入れにはいろんな方法がありますが、スズメのように水浴び、砂浴び、それに雪浴びまでする鳥はほかにはそういないでしょう。

## スズメ近辺の鳥たち

スズメ同士がよく群れることは先述のとおりですが、スズメの近辺には天敵の鳥以外にも四季をとおして実に多くのいろんな鳥たちが見られます。

早春、緑が芽吹き始めた郊外の田んぼの畦などでは前年に巣立った若いスズメたちの群れが見られ、よく見ると大きさが同じくらいの同じ種子食のカワラヒワが交じっていることもあり、一緒になって草の種子などをついばんでいることがあります。

また、桜が咲き始めると、花の蜜を求めてメジロやヒヨドリがやって来るほか、場所によってはスズメもこれらの鳥に見習うように一緒に花の蜜を食しているのを見ることもあります。体が大きくて強いヒヨドリは独占欲が強いようで、メジロやスズメが目につくと追い払っています。ことにスズメに対しては目の敵にしているのではないかと思えるほど執拗で、追い払うというより捕食しようとしているのではないかと思える緊迫感さえ感じられます。ヒヨドリとスズメはどうも相性がよくないようで、庭の給餌台で鉢合わせしたときなどにも同様の行動が見られます。

春はまた雛育てが始まる時季で、初夏にかけての繁殖期には、キツツキやカワセミの仲間の古巣穴やツバメの仲間の古巣、さらにトビやアオサギといった大型鳥の巣を利用して営巣し、雛育てをすることもあることは先述のとおりです。

スズメの一番子が巣立つと梅雨入りも間近で、黄色く熟れたビワの果実には巣立ったばかりのスズメの幼鳥やヒヨドリ・ムクドリ、それに天敵のハシボソガラスなども集まって来ます。ここでもスズメは最も小さくて弱い立場で、ほかの鳥の顔色をうかがいながら食べることになります。

梅雨から暑い盛夏にかけては野鳥の姿はあまり目立たなくなりますが、秋になると目立ちだします。植物食や雑食の動物たちにとって実りの秋は至福の季節です。

稲穂が黄色くなり始めた田には、当年巣立ったばかりの嘴基部に黄色が残るスズメの幼鳥たちがいち早く群れ、カワラヒワやドバト、キジバトなども集まって来ます。また、十月末にはニュウナイスズメも渡って来て群れで訪れます。小さくて身軽なスズメやニュウナイスズメ、カワラヒワなどは稲穂に直接止まってついばめますが、体が大きくて重いドバトやキジバトは地上から背伸びしてしか食べられずにうらやましそうです。稲穂に止まって食べているスズメ・ニュウナイスズメ・カワラヒワは体の大きさが同じくらいで一見似て見えますので注意していないと見逃してしまいそうです。

カキの果実が赤く色づくとハシボソガラスやハシブトガラスがいち早く訪れ、ほどよく熟するとスズメやメジロ・ヒヨドリ・ムクドリ・ウグイスのほか、渡りの途中のアカハラやマミチャジナイ・クロツグミ・コムクドリ・それに冬鳥として渡来したツグミやシロハラ、ミヤマガラスなどが入れ替わり、立ち替わり、食べにやって来ます。ここでも体が小さくて弱い立場にあるスズメは、ほかの鳥の顔色をうかがいながら食べることを余儀無くされます。

この時季の夜には、熊本市中心街のイチョウ並木に〝雀のお宿（スズメの集団就塒場）〟ができ、ムクドリや渡り途中のコムクドリの集団就塒場とも重なって、昼間とは異なり仲良さそうに一緒に集団就塒する光景が見られます。

冬、とくに市街地ではスズメの食物が少なくなりますので、庭の給餌台に、仏前に供えた御仏飯の御下やパン屑などを供すると、まず目敏いスズメが最初にやって来ます。そして、スズメがやって来だすと、ほかの鳥たちもやって来るようになります。JR熊本駅の北側で、花岡山（一三三メートル）の南麓にあるわが家の庭に設置している給餌台にはスズメのほかにヒヨドリ・ドバト・キジバト・シロハラなども常連です。これらが同時に鉢合わせると餌をめぐっての争奪戦が展開され、見ていて飽きることはありません。

一方、この時季に公園などでパン屑やポップコーンなどをドバトに与えている人がいたりすると、スズメやハシボソガラス、ハシブトガラス、またときにはヒヨドリやツグミ、ムクドリなども集まって来て人垣ならぬ鳥垣⁉のようなものができたりします。そのような光景は一見平和そうに見えますが、ハシブトガラスは先述のようにスズメにとっては最大の天敵で、ハシボソガラスも同様ですので要注意で、注意を怠ると命取りになりかねません。

このようにスズメの近辺では実に多くの鳥たちが見られますが、それは食物が共通するために食物が豊富な場所でたまたま一緒になったとか、格好の集団就塒場がたまたま一緒になって重なってしまったということであって、スズメがとくに意図的にほかの鳥たちとも一緒にいたいということではないようです。

しかし、天敵の鳥は論外として、食物が共通する植物食の鳥たちと一緒にいるとその分、眼の数が増して餌を探すのも効率的で、また、危険を知らせる警戒の鋭い鳴き声は鳥の種類に関係なく共通していますので天敵の接近などはより早く察知できます。また、不幸にして犠牲が出たとしても自分が犠牲になる確率は、群れの規模が大きいほど低くなるなどの利点があり、より安心です。

カワラヒワ（左）との採餌
2003年３月31日
熊本市画図町で

キジバトとの採餌
2002年９月25日
熊本市画図町で

ニュウナイスズメの雄（左）、
雌（中央）とスズメ（右）
2009年１月27日
鹿児島県出水市高尾野町で

ムクドリ（上段の左右）と
コムクドリ（中段の２羽）
とスズメ（下段の右端）
1997年９月20日
熊本市山崎町で

給餌台でシロハラ（右）と
鉢合わせ
2008年２月14日
熊本市春日の自宅で

ドバトとの採餌
1997年２月９日
熊本城公園二の丸広場で

ツグミ（右）やヒヨドリとの採餌
1997年２月23日
熊本城公園二の丸広場で

ムクドリ（右）との採餌
2004年４月２日
熊本市健軍で

ハシボソガラス（後方）との採餌。しかし、油断するとハシボソガラスの餌食にされます。
1997年１月26日
熊本城公園二の丸広場で

# II スズメの仲間

ハイガシラスズメ
passer griseus
インダススズメ
P.pyrrhonotus
スペインスズメ
P.hispaniolensis
ホオグロスズメ
P.melanurus
サバクスズメ
P.simplex
コガネスズメ
P.luteus

オオスズメ
P.motitensis
クリイロスズメ
P.eminibey
クリバネスズメ
P.castanopterus
セアカスズメ
P.flaveolus
ノウメンスズメ
P.ammodendri
ペルシアスズメ
P.moabiticus

# 進化と分布

## 〈小鳥の出現〉

最初の鳥アルケオプテリクス（始祖鳥）が出現したのは、今からおよそ一億五〇〇〇万年前の中生代ジュラ紀後期のことです。地球約四六億年の歴史からすると、比較的新しい時代のことといえるかもしれません。その後、鳥類は中生代の白亜紀にかけて繁栄しましたが、今からおよそ六五五〇万年前にかなり大きい小惑星が現在のメキシコのユカタン半島に衝突して膨大な量の岩石の破片や粉塵が大気中に飛散して漂い、太陽光を遮って気温が一気に低下するという地球規模の大変動によって恐竜が絶滅したように、ほぼ絶滅してしまいました。

現生の鳥類は、その中生代白亜紀末の大絶滅をかろうじて生き延びた唯一の祖渉禽から新たに進化したものです。新生代第三紀になると、それまでの温暖だった気候から気温が低下していき、空を飛ぶという激しい運動をする鳥は急速に進化してそれまで空白になっていたかつての生態上の地位（ニッチ）を急速に埋めるように生き残った古鳥の一系統（祖渉禽）から爆発的ともいえる放散が起きました。第三紀初期のわずか五〇〇万～一〇〇〇万年間に今日みられる鳥類の目《もく》の多くが誕生して現生鳥類相の基本がほぼできました。生物の長い歴史からすると、かなり短期間での出来事といえます。

陸鳥では、まずスズメ目以外の諸目が進化しました。これら諸目の鳥は、一般にスズメ目の鳥よりも体が大きくて、主に熱帯の森林にすんで果実や小動物を主に食べていました。

スズメが属する今日最も繁栄しているスズメ目の鳥の出現は最も新しくて、新第三紀中新世（約二五〇〇万年前）以降です。スズメ目の鳥が出現した中新世には緯度による気候区分や気温の季節変化もはっきりしてきました。ユーラシア大陸の中央部には草原が広がり、イネ科植物の繁栄は種子食のスズメ目の鳥を繁栄させたようです。今日生息している鳥の多くは中新世から鮮新世（二〇〇〇万年前）に出現し、その間の鳥の種類は今日（約八六〇〇種）の一・三倍以上の一万一六〇〇種もいて、鳥類相は最も豊かで変化に富んでいました。スズメの仲間（スズメ属の鳥）を含む小鳥（スズメ目の鳥）もこの時代に旧世界に出現しました。スズメ目は、スズメ亜目（鳴禽類）と亜スズメ亜目（亜鳴禽類）とに大きく分けられますが、中新世後期にまず、今日主に南アメリカに分布している亜スズメ亜目（亜鳴禽類）の鳥が誕生し、森林のほか疎林や草原などにも生息して、小果実や草木の種子、昆虫などを主に食べていました。その後、それらの中からより〝進化〟した美声で鳴くスズメ亜目（鳴禽類）の鳥が誕生して急速に繁栄しました。今日、小鳥（スズメ目の鳥）は、約五〇〇〇種いて、鳥類全体の約六〇％《パーセント》を占めています。

## スズメの仲間はおよそ一五種現生

スズメの仲間、つまり分類上のスズメ属（*Passer*）の鳥は、ハタオリドリ科の鳥のうちから乾燥した大地に進出して主にイネ科植物の種子食として進化したものたちで、現生種はおよそ一五種が知られています。

これくらいの種類数におよそとは奇異に思われるかもしれませんが、それは種の概念がはっきりしていないからで、種を大まかに捉えるか、それとも細分化して捉えるかによって種類数は異なるからです。例えばアフリカに広く分布しているハイガシラスズメ ***P. griseus*** という雌雄とも頭部だけでなく肩の褐色を除きほとんど全身が灰色がかったスズメの仲間は、分布域が広いだけに個体変異も大きくて嘴や体の大きさ、羽色の濃淡や雨覆の白色部の大きさや形などによって多くの亜種に分けられています。ところが二亜種以上が同所的に生息していることもあることから亜種によっては独立した種と見なすべきだとの意見もあります。このようにある地域に生息しているある程度外見上の特徴を有している個体群を、ある種の単なる亜種と見なすか、それとも独立した種と見なすかによって種類数はかなり異なってくるのです。ちなみに手元のイギリスのスズメ属鳥類研究の大家J・D・サマーズスミスの『スズメの仲間』（一九八八年）ではスズメ属の鳥は二〇種、エドワード・S・グルソンの『世界鳥類目録〈第二版〉』（一九七八年）では一九種、山階芳麿の『世界鳥類和名辞典』（一九八六年）では一四種としていて、ピーターの分類では一五種に整理されているといった具合です。

そこで本書では種をあまり細分化することなく大まかに捉えて、先述のハイガシラスズメなどは一種と見なし、スズメ属の現生種はピーターの分類に準じ、一五種としてみていくことにします。日本ではそのうちのスズメとニュウナイスズメが繁殖しているほかに、イエスズメの観察記録もあります。

## スズメの仲間のプロフィール

スズメの仲間（スズメ属の鳥）は、いわゆる小鳥（スズメ目《もく》の鳥）で、体の大きさは嘴の先端から尾羽の末端までの長さ（全長）が一一～一八センチメートルほどで、嘴はイネ科植物の乾いた種子食に適した短い円錐形をしていて頑丈で、体つきもがっしりしています。羽色は褐色または灰色で、枯れ草や土砂の色に似た地味なものが多い。雄は種ごとにそれぞれ特徴があり、嘴基部の腮《さい》から喉にかけて黒いものが多く、雌はスズメを除きこの黒色部はない。また雌は雄より全体的に色が薄く淡褐色でめりはりが乏しく、どの種も互いに似ていて、白っぽい眉斑があるものが多い。スズメのように雌雄が外見上区別がつかないほど似ているのは、スズメの仲間ではむしろ例外的な存在で、ほかには先述のハイガシラスズメがいるだけです。

スズメの仲間は、元来は乾燥した草原やサバンナ、あるいは半砂漠のような環境に群れをなしてすみ、木の枝の茂みや樹洞、あるいは岩の隙間などに側面に入口がある粗雑な丸っこい巣を造って雛を育て、食物を求めて移動する生活をしていたようです。しかし、人が農耕を始めて定住生活をするようになると、生産される米や麦・粟・稗などの穀物を食物とし、人家などの人工建造物の隙間に営巣するものも現れました。

スズメの仲間にとって人間生活圏は魅力ある生息地のようで、二種以上が共存する地域では体が大きくて強い種が集落の中心部を占拠し、他の種はその外周部に追い出されたような生活をしています。日本ではスズメが集落にすみ、ニュウナイスズメが周辺の森林にすんでいるといった具合です。また、ヨーロッパではイエスズメが集落にすみ、スズメは周辺の森林にすんでいるといった具合です。

それでは次に、種ごとの外部形態や分布、生態について概観してみることにします。分類順ではなく順不同で、和名や英名は山階芳麿の『世界鳥類和名辞典』に準じることにします。

〈スズメ *Passer montanus*〉全長一四―一五センチ。雌雄の外見は酷似し、大きな黒斑状の耳羽が特徴です。ヨーロッパから極東までユーラシア大陸を横断するように広く自然分布し、北アメリカやオーストラリアにも移入されて分布しており、六亜種に分けられています。日本産の亜種は *P.m.saturatus* で、サハリンや韓国、台湾にも分布しています。生態についてはI部で述べましたので省略します。

スズメ（日本産とは異なる亜種 P.m.malaccensis）
（カンボジアの郵便切手）

〈ニュウナイスズメ *P. rutilans*〉全長一四センチ。スズメのように耳羽は黒くなく、スリムで、雄は頭上から背にかけて赤みが強くて腹面は白っぽい。学名の種小名は「黄金色を帯びた赤」を意味するラテン語の rutilus に由来しているようです。雌は全体に灰色がかっていて、白っぽい眉斑が目立ちます。チイーチイーとスズメよりか細い声で鳴きます。アフガニスタン以東のアジアに分布していて、九亜種に分けられています。日本産は基亜種の

*P. r. rutilans* で、中国の西部から東北部にかけてとサハリン、韓国にも分布しています。日本では年平均気温が一〇度以下の本州中部以北から北海道にかけての森林で繁殖し、冬季にはそれ以南の地域でも見られます。非繁殖期には群れ、ときには大群で稲を食害することがあります。その一風変わった名は新稲（にいしね）を人より先に食べる新嘗（にひなへ）に由来しているとか。詳しくはまた、Ⅲ部で述べることにします。

イエスズメ（雄）
（インド洋のモルディブ諸島
《イギリス領》の郵便切手）

〈イエスズメ *P. domesticus*〉全長一四〜一七センチメートル。外見はスズメと似ていますが、大きくて耳羽は黒くなく、雄の頭上は灰色をしています。雌は全体が淡褐色で、白っぽい眉斑があります。スズメの仲間では最も広く分布していて、多くの亜種に分けられています。本来はユーラシア大陸産ですが、南北アメリカやオーストラリア・ニュージーランド・アフリカ南部などにも移入されて分布を拡大しています。イギリスをはじめヨーロッパでは、日本のスズメのように集落にすんで人間生活に依存した生活をしていることから英名はHouse Sparrowで、その直訳が和名になっています。日本では基亜種の *P. d. domesticus* が北海道と石川県の舳倉島などで観察・記録されており、詳しくはまた後で述べることにします。

〈ハイガシラスズメ ***P. griseus***〉全長一四〜一八センチメートル。先述したように雌雄の外見は酷似していて、全身が灰色がかっていることから英名は Grey-headed Sparrow で、その直訳が和名になっています。スズメの仲間の祖先の形態を最もよくとどめているのではないかとみられています。アフリカ固有種で、サハラ砂漠より南の三〇〇〇メートル以下のサバンナの集落を中心に広く生息していて、多くの亜種に分けられています。側面に入口がある粗雑な丸っこい巣を木の枝の茂みや樹洞に造るほか、人家にも営巣し、日本のスズメやヨーロッパのイエスズメ同様の生活をしているという。

イタリアスズメ
この切手では独立種とされています（イタリア半島サンマリノの郵便切手）

〈スペインスズメ *P. hispaniolensis*〉全長一五〜一六センチメートル。雄は一見スズメに似て見えますが、耳羽は黒くなく、腮《さい》から喉、胸にかけて黒く、脇にかけても鱗様の黒斑があり、スズメより全体に黒っぽく見えます。ただ脇の黒斑は個体変異が大きく、三亜種に分けられています。イタリア半島産の亜種 *P. h. italiae* には脇の鱗様の黒斑がなくて一見イエスズメに似て見え、イタリアスズメ（Italian Sparrow）と呼ばれています。雌は全体が淡褐色で、白っぽい眉斑があります。地中海沿岸に西はポルトガルから東はキルギスあたりまで帯状に分布していて、乾燥した荒地から森林、集落などさまざまな環境にすんでいます。木の枝の茂みに体の割には大きめの、側面に入口がある丸っこい巣を造って育雛するほか、イエスズメがいない地域では人家や納屋などにも営巣しているという。イエスズメと近縁で、分布が重なっている地域ではイエスズメとの交雑が進行していて、先述のイタリア半島産の亜種イタリアスズメ ***P. h. italiae*** などはイエスズメとの安定した交雑種とも考えられます。

〈ホオグロスズメ ***P. melanurus***〉全長一五センチメートル。雄は、頬だけでなく、頭から胸の上部にかけて黒く、幅広の白い眉斑が耳羽を取り囲むように伸びて鮮やかなコントラストをなし、めりはりのある顔立ちとなっています。また、背面の赤褐色と腹面の純白のコントラストも鮮やかですがしい感じです。雌は頭部が灰色で全体に色が淡く、幅広の眉斑も少し濁った感じで、雄のようなめりはりはありません。南アフリカの固有種で、三亜種に分けられています。英名の Cape Sparrow は Cape of Good Hope（喜望峰）の Cape（ケープ、岬の意）によっています。牧草地や広い庭園、市街地にも普通にすみ、ハイガシラスズメやイエスズメがいない地域では人家や電柱などにも営巣しているとか。

〈オオスズメ ***P. motitensis***〉全長一五〜一六センチメートル。雄は、頭上から後頭にかけて灰色で、耳羽を囲こむように伸びた幅広の赤褐色の眉斑が目立ちます。雌は全体に淡褐色で眉斑も幅が狭くて淡い色をしています。アフリカ固有種で、分布域は南西部のナミビアと、ビクトリア湖北東部のケニアからエチオピアにかけてと、さらにはスーダン中部と、三か所に分かれていて、七亜種に分けられています。和名は、南アフリカでの英名の Great Sparrow の直訳によっているようですが、この大きさではどうもぴんときません。サバンナの茂みに番《つがい》でいることが多く、地域によってはハイガシラスズメやイエスズメのように人間生活に密着した生活をしているとか。

〈クリイロスズメ ***P. eminibey***〉全長一一〜一二センチメートル。スズメの仲間では最小で、メジロくらいの大きさです。雄は全身が黒褐色で、英名は Chestnuts Sparrow（クリの実色したスズメの意）です。

雌は肩と腰が黒褐色で、そのほかは灰褐色をしています。アフリカ固有種で、亜種はありません。山階芳麿の『世界鳥類和名辞典』では別のクリイロスズメ属（*Sorella*）として分類されています。ビクトリア湖の東部からコンゴ盆地の北部にかけての二二〇〇メートル以下のサバンナに普通に生息していて、ときに集落にもすむとか。

〈クリバネスズメ *P. castanopterus*〉全長一三～一四センチメートル。前者と紛らわしい和名で、雄の翼と、頭上から後頭にかけての褐色に由来しているのでしょうか。顔から胸、腹にかけては淡黄色で、背面は灰色で背上部の黒い四条の縦線が目立ちます。雌は全体が淡い灰褐色で、幅広の白っぽい眉斑があります。アフリカ固有種で、英名のSomali Sparrowが示しているように東部のソマリア半島からエチオピア高原にかけて分布し、二亜種に分けられています。一五〇〇メートル以下のサバンナに普通で、集落周辺にもすむとか。

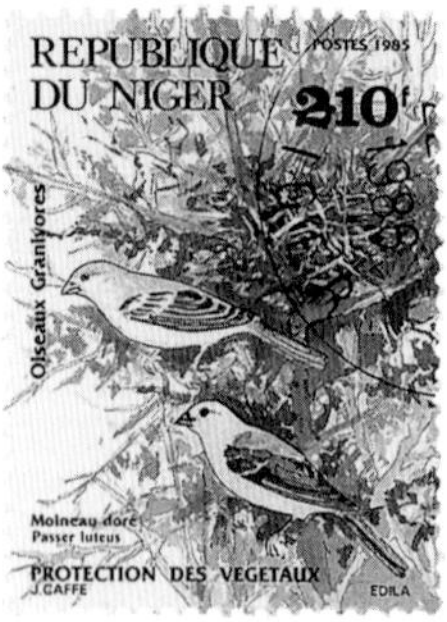

コガネスズメ
雌（上）と雄（下）
（ニジェールの郵便切手）

〈コガネスズメ *P. luteus*〉全長一二～一三センチメートル。雄は、頭から胸、腹にかけて鮮やかな黄金色で、英名も同じ意味のGolden Sparrowです。スズメの仲間とは思えないほど色鮮やかで、山階芳麿の『世界鳥類和名辞典』では別のコガネスズメ属（*Auripasser*）として分類されています。サハラ砂漠と、紅海を挟んで対岸のアラビア半島南西部のルブアルハリ砂漠にかけて分布しており、サハラ砂漠産を基亜種、ルブアルハリ砂漠産は別亜種とされています。サハラ砂漠産の基亜種の雄は背が赤褐色をしていて、セアカコガネスズメの別名もありますが、ルブアルハリ砂漠産の亜種 *P. l.*

*euchlorus* の雄は背も黄金色で、まるでカナリアのようです。両亜種はそれぞれ独立した別種とされることもあり、『世界鳥類和名辞典』ではルブアルハリ砂漠産は独立した種アラビアコガネスズメとされています。雌は両亜種とも全体が淡褐色で、雄とはまるで別種のようです。サバンナや集落周辺にすんで集団繁殖し、非繁殖期には大群で穀物を食害し、市街地で集団就塒したりするとか。

〈サバクスズメ *P.simplex*〉全長一三～一四センチメートル。スズメの仲間では最も白っぽく、雄は、背面が明るい灰色で、腹面は白く、嘴から目先にかけてと腮から喉にかけての黒だけが目立っています。雌にはこの黒色部はなく、背面は淡褐色で全体がより白っぽく見えます。和名は英名 Desert Sparrow の直訳で、サハラ砂漠と、カスピ海南東部のイランやトルクメニスタンにかけて離れて分布し、二亜種に分けられています。オアシスの集落周辺にすみ、高木に体の割には大きめの側面に入口がある丸っこい巣を造るほか、人家にも営巣するとか。一〇か所以上で生息が確認されていますが、同一地に長く定住することなく、オアシスを点々と渡り歩いているようで、まれにしか見られないとか。

〈インダススズメ（別名、ハイガシラニュウナイスズメ）*P. pyrrhonotus*〉全長一三センチメートル。一見オオスズメに似ていますが、小さくて雄には白の背中線があります。インド西部を南流するインダス川中流以下の流域に分布していて、亜種はありません。英名 Sind Jungle Sparrow はシンド地方の森林にすむスズメの意で、高木に体の割には大きめの側面に入口がある丸っこい巣を造って育雛しているとか。

〈ペルシアスズメ（別名、ペルシャマユスズメ）*P. moabiticus*〉全長一二センチメートル。雄は頭部から胸、脇にかけて灰色で、スズメの仲間では珍しく幅広の白い眉斑があって耳羽を囲むように伸びています。その末端部と頬線は黄色みを帯び、嘴と目先、それに腮から喉にかけてが黒くてすっきりした顔立ちになっています。背面は淡褐色で背には四条の黒斑があり、肩の赤褐色とともに目立っています。雌は全体が淡褐色で、白っぽい眉斑があります。英名Dead Sea Sparrowが示しているようにイスラエルの死海周辺と、アフガニスタン・パキスタンの三か所に離れて分布していて、二亜種に分けられています。オアシスの林ややぶにすんでいて、木に体の割には大きめの側面に入口がある丸っこい巣を造って育雛しているとか。

〈ノウメンスズメ *P. ammodendri*〉全長一四～一六センチメートル。雄は嘴から頭上さらに後頭部にかけてと、腮から喉さらに胸の上部にかけてが黒く、過眼線も黒い。背面は淡褐色で腹面は白く、背には大きな目立つ黒斑があり、黒と白のコントラストが鮮やかなすっきりした羽色をしています。一方、雌は全体が淡褐色で、雄にもある小雨覆と中雨覆の隣り合う黒と白の翼帯だけが目立っています。ゴビ砂漠を中心に広く分布し、西方はアラル海東南方の砂漠にも三か所分布していて、五亜種に分けられています。英名Saxaul Sparrowのサクサウルは、砂漠に生える木の名で、その茂みや渓谷沿いの低木林などにすんで樹洞に営巣して集団繁殖し、人工建造物に営巣することもまれにあるとか。

〈セアカスズメ（別名、マキエスズメ）*P. flaveolus*〉全長一四センチメートル。雄は全体が黄緑色で、背と眼の後方から耳羽の後方にかけての鮮やかな褐色が目立っていて、スズメの仲間ではカラフルです。

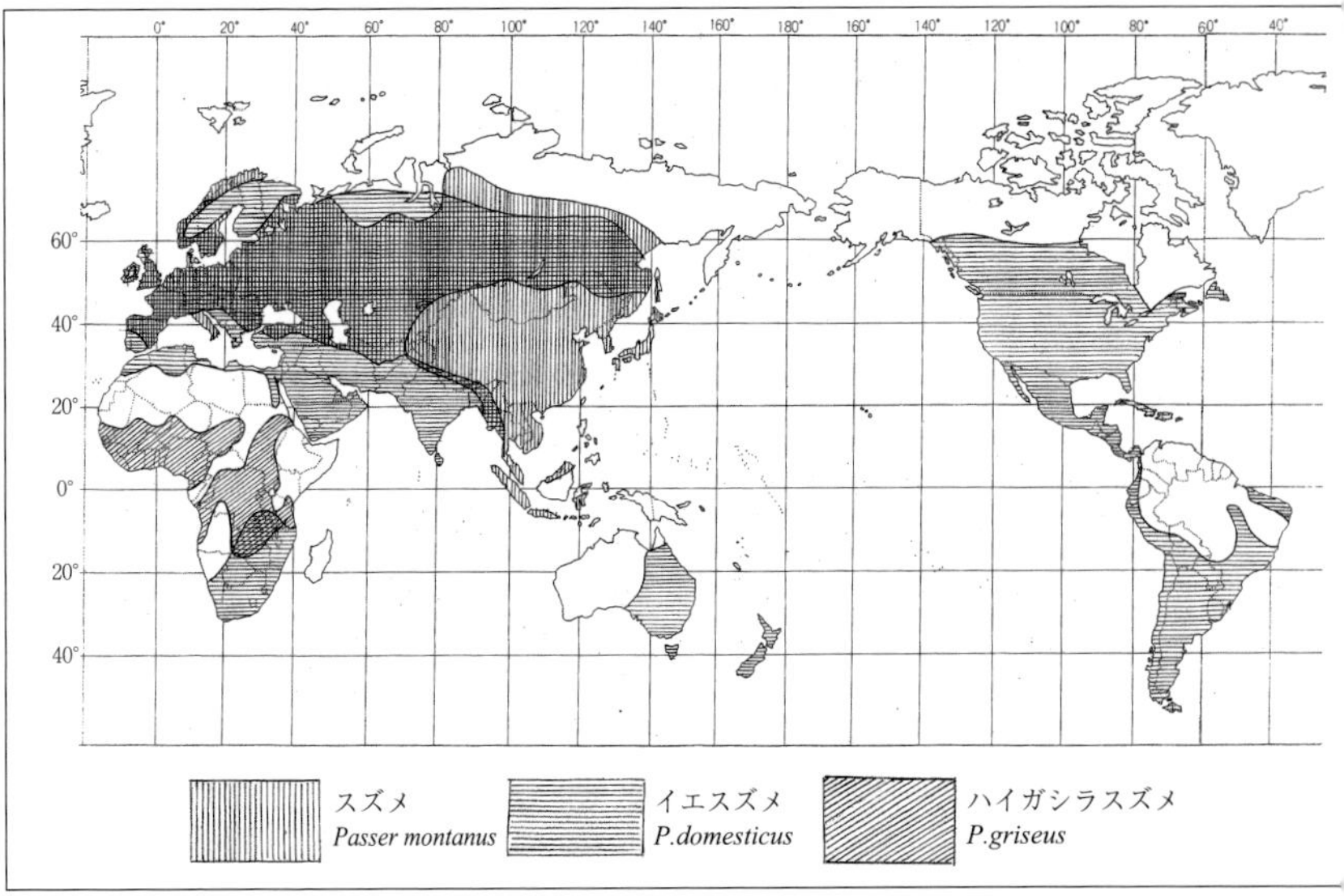


スズメの仲間（スズメ属）三大人類同調種の分布図

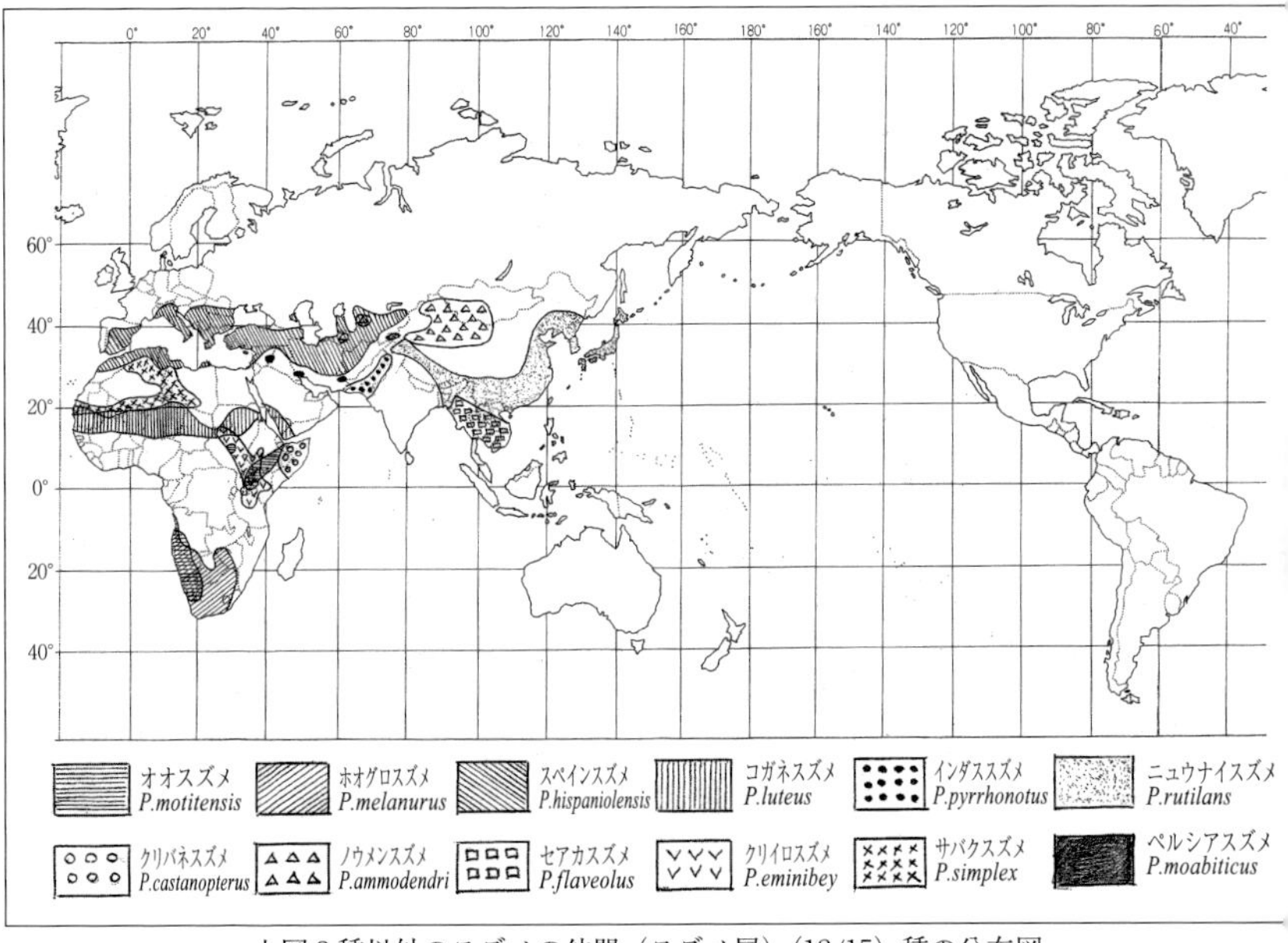


上図 3 種以外のスズメの仲間（スズメ属）（12/15）種の分布図
（上・下図とも J.D. サマーズスミスの『The SPARROWS』（1988 年）より作成）

雌は全体が淡褐色で、白っぽい眉斑があります。インドシナ半島に分布していて、亜種はありません。日本のスズメのように稲作地の集落周辺に多く見られるとか。

## スズメのルーツはアフリカに⁉

小鳥（スズメ目の鳥）が出現した中新世当時の鳥類相を今日最もよく温存しているのはエチオピア区（サハラ砂漠以南のアフリカ）とみられています。スズメの仲間（スズメ属の鳥）の現生種一五種のうちアフリカには九種（六〇パーセント）が分布していて、そのうちの五種はアフリカ固有種です。スズメの仲間のルーツがアフリカにあることはまず間違いないでしょう。スズメの仲間の初列風切は、旧世界の小鳥の多くが一〇枚であるのに対して、最も進化しているとみられている新世界のナイン・プライマリード（九枚の初列風切の意）と呼ばれている鳴禽類と同じ九枚で、小鳥では比較的新しい時代に出現したとみられます。

スズメ属鳥類研究の大家Ｊ・Ｄ・サマーズスミスは、スズメの仲間の祖先は、今日サハラ砂漠より南に広く分布している、雌雄の外見が酷似しているハイガシラスズメ *Passer griseus* に似ていて、熱帯アフリカの乾燥した草原やサバンナ、半砂漠のような地にすみ、種子食で、木の枝の茂みに枯れ草で粗雑な丸っこい巣を造っていたと考えています。

中新世には先述のように緯度による気候区分や気温の季節変化もはっきりして、ユーラシア大陸の中央部にイネ科植物の草原が広がって種子食の鳥や草食動物の分布拡大を促しました。それまでアフリカにしか生息していなかったゾウの祖先が気温の低下にもかかわらずユーラシア大陸に進出したのもこの時期で、スズメの仲間の祖先も同様に、ハイガシラスズメ様のものがナイル川の流れに乗るように北上してユーラシア大陸にも進出していったと考えられます。ハイガシラスズメは頭部が灰色で背面にはいくらか褐色みを帯びるも腹面は白っぽくて頰や喉の黒斑もなく単純な色彩で最も祖先に近い形態とみられています。その後、鮮新世（二〇〇万年前）以降には、東方に広がったものからスズメ*P. montanus*とインダススズメ（別名、ハイガシラニュウナイスズメ）*P. pyrrhonotus*が、北西方に広がったものからイエスズメ*P. domesticus*とスペインスズメ*P. hispaniolensis*がそれぞれ種分化したと考えられます。というのも恐竜が絶滅したことからも分かるように、種にも寿命があって、化石の記録からして、およそ二〇〇万年程度とみられるからで、スズメの仲間（スズメ属の鳥）も多くが二〇〇万年以内に出現したとみられるのです。

新生代第四紀は、地球の長い歴史の中でも火山活動が活発で、気候変動が大きい時代です。特におよそ五〇万年前からは寒暖の差が激しくなって、ほぼ一〇万年周期で氷期と間氷期を交互に四回繰り返してきました。氷期には厳しい寒波で温暖を好む動植物の多くは姿を消し、生き残ったものは南方へ後退しました。一方、間氷期には動植物は南方から北方へ進出しました。そして氷期が再来すると再び南方へ後退する…といったことを繰り返してきたのです。スズメの仲間（スズメ属の鳥）の今日の地中海周辺での複雑な分布と生息状況もJ・D・サマーズスミスによると、第四紀更新世の氷期と間氷期での移動と適応放散によって説明できるという。

# 農耕による生態の変化

## **農耕地へ進出**

今からおよそ一万年前には最終（ウルム）氷期も終息して地球全体が温暖化する後氷期を迎え、人（*Homo*《ホモ》 *sapiens*《サピエンス》）は、それまでの遊動的狩猟採集生活から定住しての農耕生活を始めるようになりました。人類最初の定住生活跡は西アジアのイスラエルで見つかっていて、同所からはイエスズメの近縁種の最古の化石も出土しており、どちらも今からおよそ一万年前のものと推定されています。つまりスズメの仲間（スズメ属の鳥）は、人が農耕するために定住生活を始めると、すぐ身近な鳥になったらしいのです。

インド北方から西アジア山麓にかけては、小麦や大麦・稲などの主要穀物の原産地として知られ、これら野生の穀類の穂を石製のナイフや鎌で刈り取って草食動物の飼育も始めていました。その後、一万年前から九〇〇〇年前の一〇〇〇年間に、野生小麦（一粒系・二粒系）の自生地と重なるように地中海東岸からチグリス・ユーフラテス川にかけて広がる肥沃な三日月地帯の各地に集落が形成されました。さらに八〇〇〇年前から七〇〇〇年前の一〇〇〇年間には小麦のほかに大麦や粟なども栽培されるようになりました。また、品種改良も進み、草食動物の羊や豚・牛などの飼育もパレスチナからメソポタミア、ヨーロッパへと東西に広がり、草原や森林は開墾されて農耕地に変えられていきました。

種子食のスズメの仲間（スズメ属の鳥）にとって広大な穀物畑はきっと故郷アフリカの草原やサバンナの風景と重なって見えたことでしょう。毎年安定して大量に生産されて、しかも冬季にも保存される穀物を食事メニューに加えたのはごく自然の成り行きで、生態にもかなりの影響を与えたに違いありません。北方に進出したスズメの仲間（スズメ属の鳥）は食物が不足する冬季には新たな実りを求めて南方に移動していたとみられますが、その必要もなくなりました。また、南方起源で冬季の寒さが苦手なスズメの仲間（スズメ属の鳥）も人家に入り込むことで解決できました。留鳥化が、移動によるリスクからも解放され、メリットが大きいとなると、淘汰は留鳥化を促進する方向にはたらきます。農耕の発展につれてスズメの仲間（スズメ属の鳥）の留鳥化も進み、ユーラシア大陸の東部では稲作とスズメ、西部では麦作とイエスズメが結びついて人間生活への依存が深まっていったと考えられます。

## シナントロープ

人の居住地及びそれを取り巻く環境でだけ生きられる動物をシナントロープ（人類同調種）ということは、「はじめに」でも述べましたが、スズメの仲間（スズメ属の鳥）の多くがそういえます。スズメの仲間の現生一五種の三分の二以上に当たる一一種が集落に生息しており、そのなかでもアジアのスズメ*Passer montanus*とヨーロッパのイエスズメ*P. domesticus*それにアフリカのハイガシラスズメ*P. griseus*の三種が代表格です。

　スズメは周知のとおりで、イエスズメはその名からも分かるようにヨーロッパなどでは日本のスズメ同様の生活をしています。旧約聖書の『詩篇』八四篇四節に「スズメ（イエスズメか？）は宿を得、ツバメは自分の巣をかけて、そこに雛を置いている。ああ主よ、あなたの祭壇にさえ」とあることから、既に旧約聖書の時代（紀元前）からツバメと共に人家だけでなく、エルサレムの神殿にも営巣している身近な小鳥として親しまれていたらしいことがうかがえます。

　ハイガシラスズメは、アフリカのサハラ砂漠より南の三〇〇〇㍍以下のサバンナの集落を中心に広く生息していて、側面に入口がある粗雑な丸っこい巣を木の枝の茂みや樹洞に造るほか人家にも営巣して、日本のスズメやヨーロッパのイエスズメ同様の生活しているとか。

　ハイガシラスズメやイエスズメがいないアフリカ最南端部の地域ではホオグロスズメ*P.melanurus*が集落にすんでいて、人家や電柱などの人工物に、ハイガシラスズメやイエスズメ同様に側面に入口がある丸っこい大きな巣を造っているとか。また、ハイガシラスズメやイエスズメがいないサハラ砂漠のアハガル山地のオアシスの集落ではサバクスズメ*P. simplex*がハイガシラスズメ同様の生活をしているとか。

　このほかにもアフリカではオオスズメ*P. motitensis*やクリイロスズメ*P. eminibey*、クリバネスズメ*P. castanopterus*などのアフリカ固有種やコガネスズメ*P. luteus*のようなアフリカ準固有種も集落にすんで人間生活に依存した生活をしているとか。

ユーラシア大陸ではインドシナ半島に生息しているセアカスズメ（別名、マキエスズメ）*P. flaveolus* も日本のスズメのような生活をしていて稲作地に多いとか。

スペインスズメ *P. hispaniolensis* は、地中海沿岸に分布していて、イエスズメやスズメがいないアフリカ北部のチュニジア東部からリビア北西部にかけての地域やカナリア諸島などでは集落にすんで人家や納屋などの人工建造物にも営巣しているとか。

ニュウナイスズメ *P. rutilans* は、日本では本州中部以北から北海道にかけて、普通は森林の樹洞に営巣していますが、スズメがいない山間の山小屋や温泉宿などでは人家に営巣することもあります。また、過疎で空き家になってスズメもいなくなると、ニュウナイスズメが代って営巣するようになることもあります。日本以外でも台湾やインド北部などのスズメがいない山間の集落などでは人家や、その周辺の石垣の隙間などに営巣しているというから、ニュウナイスズメも人間生活に依存した生活を志向する習性を潜在的に有しているようです。

このようにスズメの仲間にとって人間生活圏は魅力的な生息地になっているようです。それで二種以上の分布が重なっている地域では、体が大きくて優位な種が集落の中央部にすみ、小さくて劣位な種はその周辺部にすんでいるというように棲み分けが認められます。それはあたかもスズメの成鳥が集落の中央部にすみ、幼鳥や独身の若いスズメがその周辺部で群れ生活をしているのによく似ています。

**〈日本の稲作〉**

稲（イネ科）は、元来東南アジアからインド、アフリカに自生する熱帯の植物で、今から一万～七〇〇〇年前にインドのアッサム地方から中国雲南省にかけての山間で栽培され始めたとされています。しかし近年、中国の長江（揚子江）中流の湖南省の八〇〇〇年前の遺跡から大量の稲が発掘されたことから長江の中・下流域が水稲作発祥の地ではないかともいわれています。

日本では紀元前四世紀頃の縄文時代晩期後半の北九州の遺跡から籾痕がついた土器片をはじめ、収穫に使ったとみられる石器や中国の農耕文化につながる鬲《れき》形土器（穀物を蒸す三脚の土器）などが出土していることから、その頃（今からおよそ二三〇〇年前）に、長江河口部から海路で朝鮮半島南部を経由して、まず北九州に伝わったとみられています。

その後、弥生時代の中頃には南九州に広がり、後半の一世紀初めには中国・近畿、さらにその後東進して弥生時代末から古墳時代前半（三～四世紀）には関東、平安時代初期（八世紀）には奥羽、そして鎌倉時代（一二～一四世紀）にはついに本州の北端まで広がったようです。なお、北海道での水稲作は明治時代になってからです。

## 日本のスズメは史前帰化動物か!?

日本ではスズメは稲穂を食害する有害鳥の印象が強く、実際、先述のように農林水産省の平成二十年度の調査でもスズメの農作物食害の約八〇㌫近くを稲が占めています。ところで日本で水稲栽培が本格的になったのは弥生時代以降ですから、それ以前の縄文時代にもスズメがいたとしたら、主に何を食べてどんな生活をしていたでしょうか。縄文時代は現在より温暖で、海進によって海岸線は現在よりずっと内陸部に後退していて、現在主要な稲作地帯となっている沿岸部に広がっている沖積平野は、ほとんどが海底でした。そして、陸地は海岸近くまで照葉樹（常緑広葉樹）林で覆われていました。スズメの主要な食物の種子を実らせるイネ科植物は、河川の両岸や中洲、森林の周縁部、あるいは森林限界以上の高地や火山灰地くらいにしか生育していなかったでしょう。それで水稲作以前の日本にスズメが生息していたとしても、現在よりずっと少なかったと考えられます。そして、英名のTree Sparrow（木に巣くうスズメの意）そのままに現在のヨーロッパでのスズメや日本のニュウナイスズメのように森林にすんで樹洞に営巣していたことでしょう。

日本での現在のスズメと稲の結びつきを見ていると、イエスズメが大麦の栽培面積が広がるにつれて一九世紀半ば以降にユーラシア大陸東部まで分布を拡大したように、スズメも水稲作の広がりとともに日本にやって来たのではないかとも考えたくなります。有史以前に南方から稲などの農作物が人為的に持ち込まれた際にそれらに随伴して渡来した雑草⁉もいくつかあったと想像され、それらを史前帰化植物と呼んでいますが、スズメももしかしたら稲に随伴して渡来した史前帰化動物⁉の一種かもしれないということです。

ちなみに日本列島の人口は、主に森林での狩猟採集の生活が中心だった縄文時代には最大でも二六万人程度だったと推定されていますが、水稲栽培が本格化して米食中心の生活に変化した弥生時代には食糧の安定によって六〇万人くらいに急増したとみられています。スズメも毎年安定して大量に生産され、しかも冬季にも保存される米を食事メニューに加えたことで急増しただろうと考えられます。いずれにせよ、日本でのスズメの現在の生息環境の基盤は、水稲栽培によってできたことは確かで、それは弥生時代以降ということになります。

ところで、日本にはスズメの仲間はもう一種ニュウナイスズメが生息していることは先述のとおりで、現在は年平均気温が一〇度以下の本州中部以北から北海道にかけての森林で繁殖しています。それでニュウナイスズメが現在より温暖だった縄文時代にも日本にいたらその繁殖地の南限は現在より北方だったはずです。ニュウナイスズメの現在のような繁殖地の南限が決まったのも寒冷化に向かう弥生時代以降と考えられます。要するに日本ではスズメもニュウナイスズメも弥生時代以降に分布を拡大し、繁栄して現在に至っているらしいということです。

# イエスズメの世界制覇

## スズメとイエスズメの興亡

スズメの仲間（スズメ属の鳥）で、最も広く分布して繁栄しているイエスズメは、近年になって急激に増加して分布を拡大した新興勢力です。イギリスでイエスズメが集落で広く見られるようになったのは一七世紀からで、農作物の有害鳥とみなされるようになったのは一八世紀半ば以降です。一九世紀にはスパロウクラブによる懸賞金つきの駆除も実施されるようになり、一八六〇年代にはいくつかのクラブでは年間五〇〇〇羽のイエスズメを駆除したとの報告も残っているとか。ヨーロッパでも、集落には初めスズメがすんでいて、イエスズメは後からやって来たようです。『スズメの仲間』の著者J・D・サマーズスミスによると、イギリス西部の島々の集落にはスズメが元々すんでいたが、一九世紀末にイエスズメが侵入して来ると、スズメは島々から姿を消してしまったそうで、イエスズメがいないドイツ南部やスイスの山間の集落などではスズメが集落の中央部にすんでいるという。ヨーロッパでは元々スズメが分布していたが、イエスズメとの興亡が展開されるようになったのはここ二〇〇～三〇〇年間のことらしく、それは一八世紀半ばにイギリスで興り、やがてヨーロッパ全体に広がっていった産業革命による都市化の進行と時期がちょうど重なっています。

インド西部からパキスタン・アフガニスタン北部・ロシア南部にまたがる山間の集落にもスズメの方が古くからすんでいて、新来のイエスズメは集落の周辺部に夏鳥として渡来しているだけだとか。ミャンマーでもスズメの方が古くからすんでいるが、ここでの両者の出会いはまだ新しくて、集落の中央部にスズメ、その周辺部にイエスズメという地域もあれば、その逆の地域もあるといったように両者の関係は地域によってまちまちで、侵入時期の違いによる興亡が展開されています。

このように見てくると、スズメとイエスズメの競合では、体が大きいイエスズメ（全長一四—一七センチメートル・体重二八・六グラム）がスズメ（全長一四—一五センチメートル・体重二五・三グラム）を圧倒して、その名もイエスズメが集落の中心部を占め、スズメはその周辺部に甘んじてすむという棲み分けが生じるようです。

## イエスズメの放鳥による分布拡大

スズメの仲間（スズメ属の鳥）は、元来、旧世界の鳥で、新世界にはもともといませんでした。北アメリカのイエスズメは、イングリッシュ・スパロウとかヨーロピアン・スパロウなどと呼ばれているように、人為的に移入されて分布拡大したものです。新天地を求めて移民した異教徒たちの郷愁からシェイクスピアの戯曲に登場する鳥を全部持ち込もうとの思いの一つとして、また、ニレの木の毛虫駆除のために、一八五〇年にイギリス産八番をボストンとニューヨークのブルックリンに放ったのが最初だとか。しかし、それらはうまく定着しなかったのでさらに翌一八五一年に五〇羽を追加放鳥すると今度はうまく定着したそうです。そこで一八五三年にはイギリス産約一〇〇羽がニューヨークのセントラルパークと、その近くのグリーンウッドに放たれ、これらもうまく定着して繁殖をし始め、一八七一年にはサンフランシスコにも放たれ、その後も二〇年間にわたって一五〇〇羽がボストンやニューヘブン、ポートランドなどでも放たれました。その結果、北アメリカ各地で繁殖し始め、一八六五年にはカナダで、一九〇五年にはメキシコでも見られるようになり、最初の放鳥から一世紀足らずで北アメリカ全土に分布を拡大し、農作物の有害鳥と見なされるまでに殖えたのです。分布拡大の速さもさることながら、地域によって体の大きさや羽色に差異が認められるということですから、生物の進化はどうやら予想されていた以上の速さで生じるもののようで、そのことにも注目されます。

イエスズメの放鳥は北アメリカだけではありません。南アメリカでもある種のガ駆除のために一八七二年にアルゼンチンのブエノスアイレスに二〇番が放鳥され、その後も一九〇三年から一九〇四年にかけてブラジル・ウルグアイ・チリなどでも大規模な放鳥が行われました。その結果、現在では南アメリカ全土の三分の二の地域にわたって分布しています。

オーストラリアにも穀物や果物の有害虫駆除の目的で一八六三年にメルボルンやシドニーで大規模な放鳥が行われました。また、ニュージーランドでも農作物の有害虫駆除の目的で一八六六年から一八六八年にかけて大規模な放鳥が行われたとか。アフリカにはイエスズメは元来、北部には分布していても、南部には分布していませんでしたが、その南部にも一八九〇年にインド産のイエスズメが放鳥されて分布を拡大しているとか。

　また、イエスズメは密航の名手で、船舶などで大洋の小島などにも自ら分布を広げています。南アメリカ南端近くの南大西洋のフォークランド諸島にも分布していますが、これはウルグアイのモンテビデオからの捕鯨船で密航したおよそ二〇羽が起源とされています。また、チリ西方の太平洋のファンフェルナンデス諸島に分布しているものは対岸のヴァルパライソから密航したものとみられています。太平洋ではノーフォーク島にも分布していますが、近くのニュージーランドからでも七二〇㌖、オーストラリアからだと一四〇〇㌖も離れていて自力で飛んで来たとは考えにくく密航したものと考えられています。ベンガル湾にあるアンダマン諸島に分布しているのは、ミャンマーのヤンゴン（ラングーン）から郵便船で密航したとみられており、東アフリカのインド洋のアミラント諸島に分布しているものも東アフリカあたりからの船舶で密航したとみられています。このように船舶での密航によっても分布を拡大していることからイエスズメは鳥類界のドブネズミのようにみられることがあります。

　一方、スズメの新世界への放鳥も行われています。北アメリカでは一八七〇年にドイツ産のスズメ一二羽がルイジアナ州に放たれ、一八七九年にはミズリー州セントルイスにも放たれてそれぞれ定着していたという。しかし、イエスズメが分布を拡大して侵入して来ると姿を消してしまったとか。オーストラリアの東部ではイエスズメとスズメが同時に放鳥され、イエスズメは集落にすみ着いて殖えたが、スズメは郊外に追いやられてあまり殖えていないとか。このように新天地でも体が大きくて体力に勝るイエスズメがスズメを圧倒しています。

## イエスズメついに日本に侵入か?!

イエスズメは、スズメの仲間（スズメ属の鳥）ではもちろんのこと、世界中の野鳥の中でも最もありふれた鳥といわれるほど分布が広くて繁栄していますが、なぜかこれまで日本には生息していませんでした。ところが、平成二年八月四日に北海道北部にある利尻島の鴛泊《おしどまり》の庭先で雄一羽と幼鳥二羽が確認され、二年後の平成四年五月にも同所で雄五羽が見られたという。また、平成四年三月には積丹《しゃこたん》町で雄一羽が、平成十年五月三日には天売島で雌一羽が捕獲され、標識、放鳥されました。いよいよイエスズメの北海道への侵入が始まったのでしょうか。

イエスズメは、今日ではユーラシア・南北アメリカ・アフリカ・オーストラリア大陸とほとんど汎世界的に分布していますが、アジア東部の日本や中国はこれまで分布の空白地帯になっていました。元来の分布域はユーラシア大陸西部で、ユーラシア大陸以外の分布は先述のように人為によっています。一九世紀初め頃までの分布域はユーラシア大陸でもウラル山脈以西に限られていましたが、南シベリアが開発されて大麦の栽培が東方に広がり、二〇世紀初めにシベリア鉄道が開通すると、イエスズメの分布域もウラル山脈を越えて東方まで広がり、一九二九年にはついにユーラシア大陸東端のアムール川河口の都市ニコラエフスク・ナ・アムーレでも見られるようになりました。そことサハリン間のタタール海峡（間宮海峡）は一〇キロメートルにも満たず、サハリンでは一九八〇年代後半に東海岸のオハ市で約二〇番の繁殖も確認されています。サハリン南端と北海道間の宗谷海峡は約四〇キロメートルしかありません。サハリン経由で南下して北海道に渡るのは時間の問題とみられていましたが、ついにその時がきたのでしょうか。

イエスズメは乾燥気候には強いとみられていますが、梅雨や秋霖《しゅうりん》がある湿潤なモンスーン地帯で分布を拡大できるかどうかは今のところ分かりません。もし今後、イエスズメが日本で分布を本格的に拡大するようなことになったら、在来のスズメはヨーロッパでのように集落周辺の山林に追い出されてしまうことになるのでしょうか。そうなったらそこにすんでいたニュウナイスズメはどこへ行けばよいのでしょうか。日本でのスズメの仲間（スズメ属の鳥）の今後の動静には目が離せなくなりました。

# Ⅲ　人はスズメをどう認識し、どう接してきたか

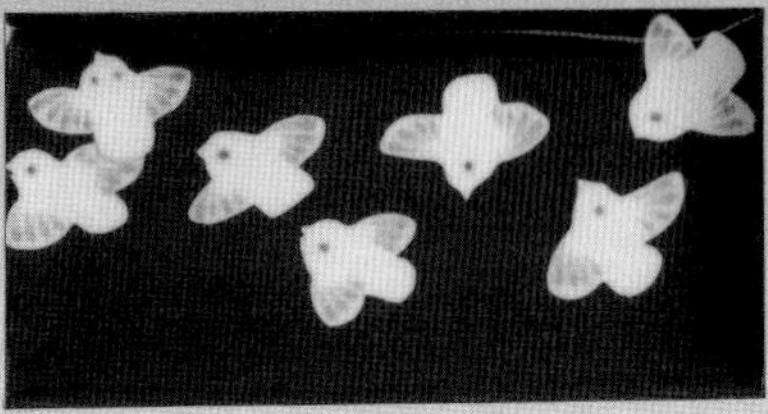

説明は次頁に

# 呼び名について

## スズメの語源

「スズメ」の呼び名も「雀」の漢字も奈良時代からあります。『古事記』（七一二年）の雄略天皇紀の天皇歌に「ももしきの　大宮人は……庭雀　うずすまり居て…」とあり、当時から既に庭で遊ぶ身近な野鳥だったようです。また、『日本書紀』（七二〇年）にも「スズミ」の名が数か所出ていて、奈良時代にはスズメとスズミの二通りで呼ばれていたようです。なお、『万葉集』（七六四年頃）には多くの種類の鳥が詠まれているのにスズメを詠んだのは一首もないのはちょっと意外です。平安時代には主にスズメと呼ばれるようになったようです。

ところで、名は体を表す、と言われていますが、スズメにはどんな意味が込められているのでしょうか。語源は興味あることで、特に江

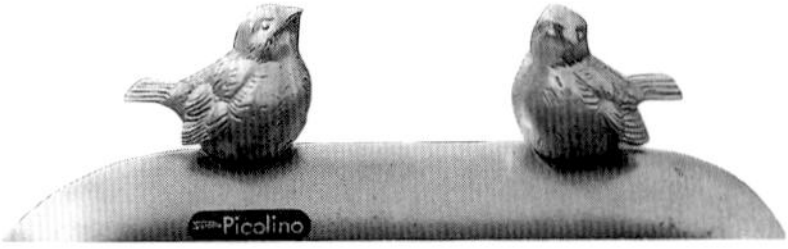


**前頁の説明**

| | | |
|---|---|---|
| 日光東照宮（陽明門）の木彫 | | |
| 有田焼の皿（部分） | | |
| 脹雀形小鉢 | 箸　置 | スズメの宝飾品（フランス） |
| スズメの木彫置物 | スズメの土鈴（京都） | |

戸時代の国学者によって諸説が提唱されています。それらは大きく鳴き声由来説と大きさ由来説、それにそれらの折衷説の三つに分けられます。

鳴き声由来説とは、鈴木朖《あきら》の『雅言音声考』の、鳴き声の「シュシュ」と、群れを意味する「メ」とからなる、というもので、明治以降の『大言海』・『日本古語大辞典』・『広辞苑』なども同様の説を採っています。スズメの鳴き声がシュシュとはちょっと変に思われるかもしれませんが、鳥の鳴き声の聞かれ方や表記は、時代により、あるいは地域によっても違っているのです。スズメの鳴き声の文献上の初出は平安時代からで、当時は「シウシウ」と聞かれていて、この聞かれ方は室町時代まで一般的でした。江戸時代には「チウチウ」とネズミ同様に聞かれていて、現在のように「チュンチュン」と聞かれるようになったのは大正時代以降です。つまり、シュシュがスズに転じたというわけです。鳥の捉え方は、西洋では視覚的傾向が強いのに対して、東洋では聴覚的傾向が強く、鳥の和名の多くが鳴き声に由来していることからも順当な説といえそうです。

一方、大きさ由来説とは、新井白石の『東雅』の、スズとは猶ササというが如く、その小さきを云ふ。メといひしは、古く鳥を呼びてメといひしことによる、というもので、つまりスズメは小鳥を意味しているとする説です。記紀の中で、とりわけ鳥についての記述が目立つ仁徳天皇(後世の贈り名)は生前には「おほさざきのすめらみこと」と呼ばれ、『日本書紀』では大鷦鷯天皇、『古事記』や『風土記』では大雀命と表記されていて、鷦鷯と雀は同じ意味で使われています。ところで鷦鷯は日本最小級の小鳥ミソサザイのことで、雀はもちろんスズメです。古くには鷦鷯

（ミソサザイ）と雀（スズメ）はともに「ササキ」と呼んでいたようで、スズはササに通じて「小さい」という意味だったようです。

折衷説とは、柳田国男の『野鳥雑記』でのスズメの語源は鳴き声によるものであるが、それと同時に「スズメ」は小鳥の総称にもなっている、というものです。そしてスズメの古い方言名のイタクラやツバメの古名ツバクラの「クラ」や、シジュウカラ（四十雀）やヤマガラ（山雀）の「カラ、ガラ（雀）」にも小鳥という意味があるとしています。

一方、貝原益軒は『日本釈名』で、この鳥の性、踊りてすすみ行くゆえにススミ（進み）転じてスズメになったと説いています。「雀百まで踊り忘れぬ」などの諺もあって、その飛び跳ねるような独特の歩き方に由来しているというのです。しかし、この説はなんとなくこじつけのような気がしないでもありません。

スズメは最も身近な野鳥だけに人の関心も深く、語源についても諸説粉粉としていますが、鳴き声に由来し、〝小さい〟という意味も含むようになったとみるのが穏当のようです。

## 漢字「雀」の由来

スズメを表す漢字「雀」はどのようにして創出されたのでしょうか。雀は「小十隹（とり・尾が短い）」からなっていて、要するに「小鳥」を意味しています。「小」の字は棒を削っている様を表していて、まん中が棒で、左右が削りかすを意味しています。つまり削れば小さくなるわけです。

スズメは、中国でも古くから身近な鳥だったのか、スズメを表す字（記号）は、およそ三三〇〇年前の漢字の大本となっている中国最古の甲骨文字に既に見出されています。甲骨文字とは殷《いん》帝国での占いの記録を淡水産のカメの腹甲や獣の肩甲《けんこう》骨などにナイフで刻みつけたもので、物の形を記号化した象形文字です。スズメを表す甲骨文字は、先述のように小さいことを表す文字（記号）の下に、吊り下げた!?スズメを横から描いた字形になっています。

甲骨文字は、周代には金文《きんぶん》に進化しました。金文とは青銅器に鋳込まれる古代文字で、周代から春秋戦国時代にかけて使用されていました。その後、中国で麻の紙が発明され、紀元前二二一年に秦の始皇帝が全国を統一しますと、金文をもとに標準字体として小篆《しょうてん》（篆書《ていしょ》）が創出されました。今日、印鑑によく刻まれている荘重な字体で、あまり実用的ではありませんでした。それで漢代になると、毛筆で書き易いように直線化した隷書《れいしょ》（隷史の文字の意）が考案されました。そしてその後、漢代末にはさらに直線化し簡素化された楷書の漢字「雀」が創出されたのです。このように「雀」の漢字には〝尾が短い小鳥〟の意が込められています。

スズメを表す字形の変遷

## 〈麻雀と爵〉

現在の北京語ではスズメを麻雀（mà《マー》 què《チュエ》）と呼んでいます。頬の黒斑を芝麻（胡麻《ごま》）に見立てたのことでしょうか。ちなみに日本では麻雀について、江戸時代後期の『本草綱目啓蒙』（小野蘭山、一八〇六年）に「雀の老たる者は背の斑文分明なり是を麻雀と云」と記されていて、スズメの老鳥と和訳され、「まだらすずめ」と呼んでいたようです。ちなみに嘴が黄色い子スズメは黄雀（あくち）と呼んでいたようです。「あくち」は開口（あきくち）の略で、親鳥に餌ねだりする様に由来しているようです。

一方、賭け事に用いるマージャンも麻雀（または麻将）と書いていますが、これはマージャン牌《ぱい》をかきまぜるときの音がスズメの集団就塒場（雀のお宿）の騒々しさを連想させることからの充て字です。

なお、酒器の爵（しゃく）はスズメ（雀《しゃく》）の姿をまねて作られており、功績に対する褒美として与えられたことから後では功績の序列を表す爵位ということばも生まれました。スズメは稲穂を食害しながらも吉祥の鳥ともみられていたのです。

唐三彩の子スズメ
（口を大きく開け翼をばたつかせて餌をねだるさまがよく表現されています。）
高さ2.5cm・長さ3.6cm
中国河南省博物館蔵

## スズメの方言名

関東の利根川流域や紀伊半島南部、さらに沖縄などの太平洋沿岸部ではスズメをイタクラとも呼んでいて、そう呼ぶ地域はかつてはもっと広かったのではないかとみられています。ところで、そのイタクラの呼び名にはどんな意味が込められているのでしょうか。

結論から言うと、イタクラの「イタ」は東北地方で口寄《くちよせ》をする巫女《みこ》イタコの「イタ」で、それはアイヌ語の「語ること」を意味する「イタク」という動詞に由来しているとみられています。そして「クラ」は、スズメの鳴き声をかつてクルクルと聞きなしていたことによっているとみられています。つまり、イタクラは、イタコのようにクルクルとよく喋るという意味のようです。

利根川流域ではイタクラのほかにノキバノオバサンとの呼び名もあるそうで、奄美諸島ではユムンドリとも呼ぶとか。それぞれに漢字を充てると「軒端の小母さん」、「誦む鳥」となりそうで、どちらもイタクラ同様にスズメの賑やかな鳴き声に由来しているようです。

## ニュウナイスズメの語源

ニュウナイスズメが、スズメと区別して認知されるようになったのはいつ頃からでしょうか。平安時代の『枕草子』に見出される「かしら赤き雀」はニュウナイスズメの雄のことかもしれませんが、その名がはっきりと見出せるのは江戸時代になってからで、ニウナイスズメ、ニフナイスズメのほかにミヤウナイスズメ、ニイナメなどの呼び名も見出せます。

ニュウナイスズメとちょっと変わった名の由来について、本居宣長は『玉勝間』で、にふないという雀―にふないは新嘗（にひなへ）といふことなるべし、新稲（にひしね）を人より先にまずはむをもて、しか名づけたるなるべし、と説いていて、『大言海』（大槻文彦、一九八二年）なども同じ説を採っています。ニュウナイスズメは、現在はそう多くいませんが、戦前までは秋の渡りのときには大群で乳熟期の稲穂を食害していて、狩猟統計でも昭和十七年（一九四二年）には全国で最多の二一万羽もが捕獲されていますので、まあ穏当な説といえるでしょう。

漢字では「入内雀」と江戸時代中期から表記されています。「入内」には宮中の叙位で外位から内位に栄進するという意味があり、これには米と関係した妙な伝説があります。なんでも第六十六代の一条天皇の時代（九八〇―一〇一一年）に、左近衛《さこんのえ》中将で、歌人としても知られた藤原実方《さねかた》が、左兵《さひょう》衛権佐《のえごんのすけ》で、書道の達人で詩文和歌にも優れた藤原行成に「歌は面白いが馬鹿だ」と陰口されたことに立腹して殿上の間で口論となり行成の冠を庭に投げ捨ててしまったそうです。実方は冠を投げ捨てるという無礼な暴挙によって長徳元年（九九五年）に本州最北端の地、陸奥《むつ》（現在の青森

ニュウナイスズメ　雄（左）と雌（右）
雌雄ともにスズメ特有の頰の黒斑がない。
1977年４月１日　熊本県玉名市大浜町で

県）に配流されました。そして、任期三年めというのに病死し、蔵人頭になる夢も帰京の望みも叶わないまた配所の露と消えますが、死の間際に「我、雀となりて再び都に飛び帰り、宮中の台盤所（台所）にいたりて、その飯をはまん」と言ったとか。その言葉どおり霊魂は雀と化し、はるばる宮中に飛び帰って台盤所のご飯をついばんだので入内雀と呼ばれるようになったというものです。日本に古くからある怨霊が人に害する生物に生まれ変わるという思想による説話の一種で、『今鏡』などをその根拠にしているようですが、京都府京都市左京区にある浄土宗の更雀寺《こうじゃく》（雀林寺）には実方が化したニュウナイスズメを祀る高さ約六〇センチメートルの五輪石塔からなる雀塚まであるそうで、寺の境内は「雀の森」とも呼ばれているとか。また、藤原実方を祀る雀宮神社が栃木県宇都宮市にあり、そのことについては後でまた触れることにします。

一方、柳田国男は『野鳥雑記』で、ニユウ（ニフ）は貫入の入（ニュウ）で、元来は焼き物のきずやひびの俗称になっていますが、スズメの頰の黒斑をニユウ（ニフ）に見立てて、ニユウ（ニフ）の無いスズメとしています。スズメとの外見上の違いをよく捉えていますが、なんとなくこじつけの感がしないでもありません。

## ニュウナイスズメの方言名

東北地方や関東ではニュウナイスズメをワタリスズメ（渡り雀）とも呼び、静岡県内ではタビスズメ（旅雀）とも呼ぶとか。

一方、近畿地方ではセンバスズメ（千羽雀）、中国地方や九州ではホウライスズメ（蓬萊雀）やムレスズメ（群れ雀）などとも呼ばれています。

また、九州でも私が住んでいる中央部に位置する熊本県内ではベンスズメ（紅雀）と広く呼ばれているほか、県南部の人吉盆地内ではアカスズメ（赤雀）や、ヨシワラスズメ（葦原雀）、県東北部の阿蘇谷ではコウライスズメ（高麗雀）などとも呼ばれています。

ワタリスズメやタビスズメ・ホウライスズメ・コウライスズメ・それにセンバスズメやムレスズメ・ヨシワラスズメなどの呼び名は、ニュウナイスズメが本州中部以北から北海道で繁殖して、秋には大群で南下して西日本で越冬する生態によっており、熊本県内でのベンスズメやアカスズメは、雄がスズメより赤みが強いことによっています。

## スズメの地名

自然愛好の民族として定評がある日本人は、生活の場にも生物にちなんだ名を多く付けました。なかでも鳥は、多くが昼間に活動して鳴き声や姿が目立つことから人目にとまり、地名にも多く取り入れてきました。

そもそも日本誕生のきっかけをつくったのも鳥でした。記紀の創世神話によると、おのごろ島に降り立たれた伊弉諾尊《いざなぎのみこと》と伊弉冉尊《いざなみのみこと》（誘《いざ》なう男女の意）の兄妹神が、八尋殿《やひろどの》で大八島国《おおやしま》（日本国）を創出し、三五柱の神々を誕生させるにあたって、セキレイが渡来して例の尾の上下動によって交《とつぎ》の術を教示したとされています。

私が住んでいる熊本県を野鳥の生息地としての観点からみると、阿蘇には広大な草原があり、その南に連なる九州中央山地は森林地帯で、これらの山地西麓には平野が広がり、その間には河川や湖沼、ダム湖などもあります。海も、有明海や八代海（不知火海）のような内海と、天草灘のような外海にも面しています。また、その間には天草の島々があり、内海の沿岸には広大な干潟が発達しているなど自然環境の変化に富んでいます。一方、九州の中央部に位置していることや、九州と朝鮮半島との地理的のみならず地史的な関係から、日本列島沿いに南下北上する渡りのコースのほかに、朝鮮半島を経由して南下北上する渡りのコースとの合流または分岐点に当たっているようです。こうした好条件によって野鳥は種類、個体数ともに多く、鳥類相は豊かで、野鳥にちなんだ地名も多くみられます。

熊本県内の地名に見出される野鳥の種類は二八種で、最も多いのがツルで、次がタカ、トビ、カラス、それにスズメ…となっています。なお、具体的な鳥名ではなく単に「鳥」を含んだ鳥越や鳥居（鳥井）・鳥巣などの地名もけっこう多くあります。

スズメの地名で全国的に多いのは「雀田」と「雀森」の二つといわれており、秋のスズメのくらしぶりが目に浮かぶようです。

雀田（熊本市飛田町）や雀町（松橋町の豊福と両仲間）・遊雀（阿蘇市波野）・雀跡開（熊本市海路口町）などの地名からは実った狭い稲田にスズメが群れる光景が、また、夕雀（山都町蘇陽）や雀迫（和水町の原口と前原・植木町の米塚と正清・益城町平田・錦町木上）・雀子谷《じゃくしだに》（坂本村中谷）・雀島（一の宮町宮地・松島町合津）などの地名からは夕方にスズメが集団就塒場（雀のお宿）に集まって来る光景が目に浮かぶようです。全国的に多いといわれる「雀森」もスズメの集団就塒場（雀のお宿）

にちなんだ地名のようで、熊本県内にもかつてはありましたが、現在も使われているのは探し出せませんでした。

阿蘇の外輪山東部の阿蘇市波野には先述の遊雀のほかにも遊雀日向・遊雀北向・遊雀久保・遊雀北久保・遊雀南久保と「遊雀」を冠した地名が集中しています。波野はかつてオウム真理教の進出で一時話題になりましたが、同じ種子食の鳥でも当地ではスズメがずっと先輩格で、本格的な進出はありませんでした。

このほかに、雀石（天草市御所浦町）や雀塚（西原村布田）などもあります。スズメに似た形をした特徴的な石や塚があるのでしょうか、それとも〝小さい〟石や塚ということでしょうか。スズメには、雀の涙やスズメノエンドウ・スズメノショウベンタゴ（イラガの繭《まゆ》）などのように「小さい」とか「ささやか」という意味もあってその代名詞のような使われ方をすることも多いからです。先述の雀田・雀町・雀跡開・雀迫・雀子谷・雀島などにも小さい田・町・開墾地・迫・谷・島という意味も含まれているかもしれません。

阿蘇の雀地獄（南小国町黒川・南阿蘇村湯の谷）の「雀」もたぶん小さいという意味でしょう。「地獄」の地名は、活火山性温泉付近に特有で、「硫気孔がある凹地」という共通点があります。硫化水素（$H_2S$）や二酸化イオウ（$SO_2$）などの空気より重い有毒な硫化ガスの噴出があって植物も育たない不毛の地で、凹地なので水が溜まります。それで昆虫や鳥などが水を求めて立ち寄ろうものなら最期で、死体は腐敗もせず時の流れとともに累々と残ることになります。その情景を初めて見た人の目にはきっと地獄絵図そっくりに映ったに違いありません。人の生活圏で生きるス

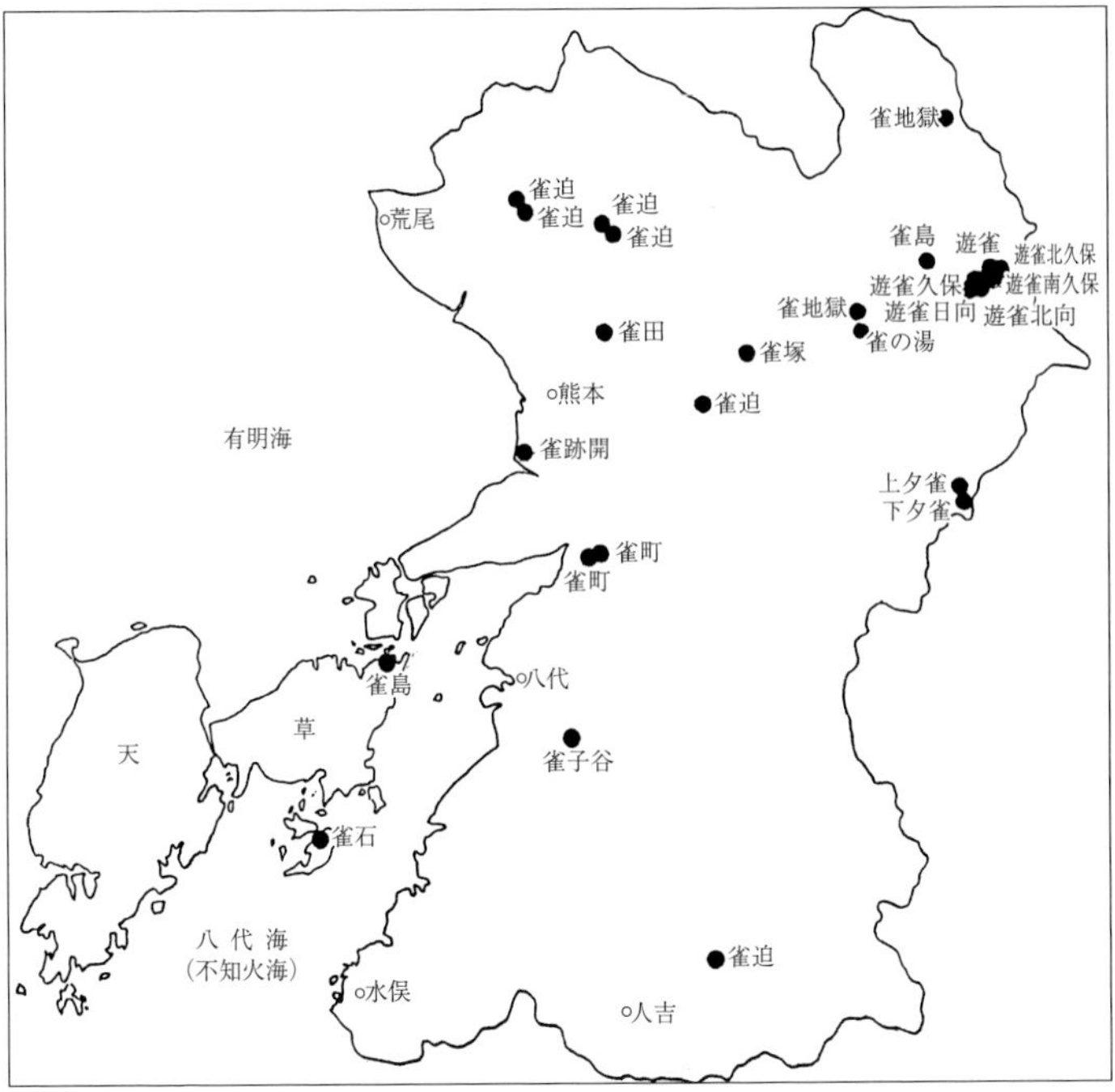


熊本県内のスズメの地名分布図

すずめ地獄
熊本県阿蘇郡南小国町の黒川温泉郷にある

ズメが人里離れた場所に死体累々とは不自然で、やはり小さいと解釈するのが穏当でしょう。スズメの地名が、スズメそのものによるにせよ、その属性の「小さい」によっているにせよ、これだけ多いというのは、それだけスズメが人々の生活の中に存在感を得て親しまれているということの証しでしょう。

## 「雀守り神様」縁起

ダム建設計画が話題になっている清流川辺川が、日本三急流の一つ球磨川に合流する右岸側には水田が広がっていて、その一画に柄が長めの円団扇のような独特の樹形をしたケヤキがあって目立っています。樹高一八メートル、幹回り三メートル、樹齢は三〇〇年以上と推定され、平成五年三月十五日に相良村の天然記念物に指定されています。所在地は、熊本県球磨郡相良村柳瀬新村の溝口さん宅で、屋敷の一隅に盛土して一段高くなった場所に植わっています。天然記念物のケヤキのすぐ隣に同じくらいの幹回りで上部が切られたエノキが並ぶように植わっていて、その二本の根元の間に抱かれるようにして、地域の人たちが〝雀守り神様〟と呼んでいる小さな石の祠《ほこら》があります。阿蘇溶結凝灰岩(阿蘇の灰石)で造られた、高さ約一メートル、幅五〇センチメートル四方ほどの大きさで、観音開きの石の扉が南向きに付いています。

平成十二年五月二十八日に訪ねたときには花が供えてありましたが、ご当主の話では縁起は不明で、知る手掛かりになるような資料も残っておらず、例祭なども行われていないとのことでした。ただ、だいぶ以前には粟にスズメがつかないようにと隣の人吉市あたりからも祈願の参拝者があったそうです。ふと『自然と傳承（鳥の巻）』（武藤鐵城著、一九四三年、日新書院）に書いてあった秋田県仙北部内《うち》小《お》友《とも》村の加茂神社は、俗に〝雀の神様〟と呼ばれていて、神社でお祓を受けた紙を竹竿に付けて田に立てて置くとスズメの稲穂の食害防止になる、という話を思い出しました。縁起を知る手掛かりになるものは何かないかと祠の石の表面を探してみましたが、文字や数字の類は全く見当たりません。祠の中には何か手掛かりになるものがあるかもしれないと石の扉を開いて拝見させてもらいました。ご神体は青銅製の円鏡で、直径約一〇センチメートル、縁は厚く五ミリメートルくらいあり、裏面中央にある紐を通す紐座は亀で、松竹梅に囲まれて三羽の雛連れの親鶴が鳳凰に低頭して物乞いしているようなめでた尽しの意匠の蓬莱鏡の一種で、上部に「上り藤」の紋があるので特注品のようです。その意匠や全体の体裁、右下部分に「天下一作」の字が読みとれることから織田信長以降、江戸時代初期までに製作されたものとみられます。ご神体といっても、神そのものではなく、ここの神が憑《よ》りつくのが鏡であることが分かっただけで、それがどのような神であるかまでは分かりませんでした。

後日、人吉・球磨地方についての最大の史書といわれる『歴代嗣誠獨集覧』に何か手掛かりになることが書かれているかもしれないと調べていると、ケヤキの樹齢とほぼ等しい、今から三三六年前の寛文四年（一六六四年）五月九日の記事「簑毛雀ヶ森荒神御勧請也」が気になりました。「雀ヶ森」とは文安五年（一四四八年）八月に永留長続が上相良氏を滅ぼして球磨を統一した雀ヶ森合戦場のことでしょうか。これより二年前の寛文二年（一六六二年）正月から簑毛に新しく井手（灌漑用水路）造りが始まったものの毎年壊れて荒神が浸水するので、簑毛雀ヶ森の一か所に集めて祀ったとあります。『球磨郡神社記』（一六九九年）によると、勧請したのは第二十二代相良藩主の藤原頼喬公で、場所は梁瀬《やなせ》三石《みついし》雀カ森で、単に三宝荒神となっています。簑毛雀ヶ森荒神と梁瀬三石雀カ森の三宝荒神は、勧請の年月と縁起が同じで同一であることは明白です。ただ場所が現在では簑毛と梁瀬三石で異なるのがちょっと気になりますが、行政区画は時代によって変わりますので、同じ場所でも寛文年間と元禄年間で表記が異なったとしてもおかしくはありません。

しかし、現在は、簑毛雀ヶ森荒神や三宝荒神と呼ばれるものは見当たらず、その場所も特定されていませんが、雀守り神様がそれではないかと考えられます。盛り土された高みにあって浸水の心配がないことや、勧請したとされる藤原氏を象徴する上り藤の紋など条件にかなっています。

雀守り神様を祀る石の祠は、エノキ（左）とケヤキ（右、相良村指定天然記念物）に抱かれるようにしてありました。

御神体の蓬萊鏡

写真は上・下とも2000年５月28日　熊本県球磨郡相良村柳瀬新村で

さらに祠を祀る当主の溝口の姓も井手と深く関係しています。現在は蓑毛（小字）や三石（小字）は、柳瀬（大字）の中でも新村（小字）より少し北に位置していますが、近世の慶長国絵図や、肥後国中之絵図（永青文庫蔵）では蓑毛は村（蓑毛村）となっていて、北の深水村と南の梁瀬村の間に位置していて、少なくとも一六六〇年代にはそうだったのです。当時の村境が現在どのあたりになるか詳しくは分かりませんが、新村（小字）あたりも蓑毛村に含まれていたかもしれません。

簑毛雀ヶ森荒神の〝雀ヶ森〟はおそらく雀のお宿（スズメの集団就塒場）に由来していて、「簑毛にある雀のお宿になっている森に祀られている荒神」という意味からの名でしょう。名は、一般に時の経過とともに簡略化して短縮され、特に長い名の場合はその傾向が強いので、「簑毛雀《すずめ》ヶ森《もり》荒神」も時の経過とともに簡略化し短縮されて「雀守《すずめまも》り神様」と呼ばれるようになったのではないでしょうか。名は体を表す、と言われていますが、名が簡略化され過ぎて形骸化すると本来の意味まで失われてしまい、その新たな簡略された名によってまた全く違った意味付けがなされることだってあり得るでしょう。つまり、「雀守り神様」と呼ばれているうちにいつの間にかスズメの食害防止の神に〝変神〟させられて崇められるようになったということではないでしょうか。ただ、真実は神のみぞ知るです。

### 雀宮《すずめのみや》神社と雀《すずめ》神社（雀宮）

先述の「雀守り神様」の縁起について調べていたら、全国にはほかにも〝雀〟を冠した雀宮神社や雀神社（雀宮）もあることが『日本社寺大観（神社篇）』（藤本弘三郎編、名著刊行会、一九七〇年）

で分かりました。

雀宮神社は、栃木県宇都宮市雀宮町にあって、近くにはJR東北本線の雀宮《すずめのみや》駅もあります。祭神は素戔嗚尊《すさのおのみこと》と藤原実方《ふじわらさねかた》で、なんとも不思議な組み合わせになっています。素戔嗚尊は伊弉諾尊《いざなぎのみこと》と伊弉冉尊《いざなみのみこと》の御子で、天照大神の弟です。大変凶暴な性格で、天の岩戸の変を起こして高天原を追放されます。出雲国に降り立つと、そこで八岐大蛇《やまたのおろち》を退治してその尾内から「三種《さんしゅ》の神器《じんぎ》」の一つである天叢雲剣《あまのむらくものつるぎ》を得、姉の天照大神に献じ、その後は地元の櫛名田比売《くしなだひめ》命（奇稲田媛命）を娶って、須賀《すが》の宮殿で暮らしたと伝えられています。一方、藤原実方は先の「ニュウナイスズメの語源」のところでも述べましたように、一条天皇の時代に藤原行成との諍《いさか》いでの暴挙によって陸奥《むつ》（現在の青森県）に配流され、帰京の思い叶わず配所の露と消え、死して後その霊がニュウナイスズメと化して帰京して入内したと伝えられる悲劇の公卿です。両祭神に共通するものを強いて探せば、どちらも失態によって疎まれ厄介払いされた者同士ということでしょうか。実方が陸奥に配流されると、妻の綾女も夫を慕って陸奥へ向かいますが、不幸にも当地で病没してしまいます。そのときの遺言によって長徳元年（九九五年）に創建されたものだそうで、実は、実方は後で合祀されたものだとか。また、一説にはスズメと化した実方の霊が飛んで来て綾女の持つ宝珠に入ったものを祀ったのだともいわれています。

一方、藤原実方・綾女夫妻とは関係がなく、かつてこの地にいた賊を崇神天皇の第一皇子が討ち滅ぼして平定したのを記念して創建されたもので、当初「鎮《しず》めの宮」だったのがいつの間にか訛って雀宮《すずめのみや》と呼ばれるようになったのだともいわれています。

雀宮神社の縁起についてはこのようにいくつもの説があって、どれが正しいのかはっきりしませんが、徳川歴代将軍は当社を崇敬して社領を寄進するなどして厚く遇し、日光東照宮への参社の途次には参社するのが恒例になっていたという。

雀神社（雀宮）は、東隣の茨城県古河《こが》市古河にあって、これまで述べてきた栃木県宇都宮市雀宮町にある雀宮神社を移祀させたものと言い伝えられています。しかし、祭神は大己貴命《おおなむちのみこと》、少彦名神《すくなひこなのかみ》、事代主神《ことしろぬしのかみ》といった地元古河の氏神たちで全く違っており、創建の年代もはっきりしていません。雀宮神社との関係も不明瞭で、なぜ雀神社（別名、雀宮）と呼ばれるようになったのかもよく分かっていません。

## 豆菓子〝雀の卵〟

落花生（ピーナッツ）に、小麦粉や澱粉、もち米を原料とした寒梅粉《かんばいこ》などに膨張剤を加えたものを衣としてまぶして煎り、醬油やみりん、胡椒などで味付けした豆菓子で、昭和三十年代に九州で誕生したといわれています。数社で製造されていて私などには子供の頃からおなじみの豆菓子ですが、九州以外ではほとんど知られていないとか。

スズメの卵とは大きさや色、模様ともにまるで違い、強いて鳥の卵にたとえるならばウグイスやホトトギスの卵といったところでしょうか。なぜこんな名が付いたのか、誰が名付けたかについては分かっていませんが、平成五年に福岡県のいなだ（稲田）豆株式会社が「雀の卵」として正式に商標登録しています。

脹雀形をした最中《もなか》

写真は上・下とも
豆菓子〝雀の卵〟

今日、九州北部の交通の要衝になっている佐賀県の「鳥《と》栖《す》」は、『肥前風土記』によると第十五代の応神天皇（二七〇～三一〇年在位）のとき、天皇に献上するいろいろな鳥を飼育する鳥屋（小屋）があったことから「鳥巣の郷」と呼ばれていたことに由来する地名で、鳥にちなんだ菓子も「雀の卵」のほかに、脹雀をかたどった「ふくらすゞめ最中」なども製造されています。

## スズメは有害鳥か？

**スズメ追い**

安寿《あんじゅ》恋しや、ほうやれほ。／厨子王《ずしおう》恋しや、ほうやれほ。／鳥も生《しょう》あるものなれば、／とう逃げよ、追わずとも。

安寿姫と厨子王姉弟伝説での佐渡島で母子が再会したときの、盲目になった老母のスズメ追いの歌です。ちなみに森鷗外の小説『山椒丈夫』（一九一四年）は、この伝説をもとに書かれています。

時代が下ると、小林一茶の「寐咄《ねばなし》の足でをりをり鳴子哉」の俳句があり、「山田のなかの一本足のかかし」の歌などもあります。スズメの稲穂食害の問題はおそらく稲作開始当初までさかのぼると思われます。歌いながら竹竿を振ったり、ごろ寝しながら足で鳴子を鳴らしたり、あるいは蓑笠《みのかさ》つけた一本足の案山子《かかし》を立てたりしてスズメを脅すのどかな光景が目に浮かぶようです。昔の人はのんき

スズメとイネとツバキ（額面印字コイル切手）

だったのか、それともスズメがのんきだったのか、こんな悠長なことで事が済んでいたのでしょう。

## 地獄網で焼き鳥に

近年は世知辛い世になって、スズメの稲穂食害防止の方法もずいぶん過激で残酷なものになっています。米の産地秋田県などでは、大正から昭和の初め頃まで、スズメの卵や頭、足などを農業会（農協の前身）で買い上げて、スズメの駆除を奨励していたという。私が住んでいる熊本県内でも雀のお宿（スズメの集団就塒場）がまだ郊外の竹やぶにあった頃には、米の産地では収穫前になると、有害鳥駆除ということで集団就塒場を網で囲って寝込みを襲い、一網打尽にするスズメ狩りが年中行事のように行われていました。

手元の新聞スクラップにある事例の一つに、昭和六十一年（一九八六年）十月一日付の熊本日日新聞に「実りの秋の大敵―スズメ君　御用！一万五〇〇〇羽捕獲」の見出し記事があり、写真も付いています。なんでも菊池市南西部の下赤星地区にある竹山に、五、六万羽が集まる雀のお宿（スズメの集団就塒場）があり、米の収穫を間近にして、熊本市内の業者によってスズメの大量捕獲がなされたとのこと。昼間に雀のお宿になっている竹山に、間口二〇メートル、奥行き一七メートルほどの袋網を張っておき、夕方に、スズメが塒に帰り着いたのを見計らって、地元民も加わり総勢二〇人ばかりの勢子が一斗缶を打ち鳴らしたり、懐中電灯で照らしたりしながら袋網に追い込んだそうで、捕獲されたスズメの総重量は一トン近くもあって一〇人がかりで焼き鳥用に運び出したとのこと。人が食べる米をスズメが食害して減少した分を食糧として補おうということでしょうか。今日、スズメを焼き鳥にして食べるなどというと、いかにも残酷で野蛮な行為に聞こえそうですが、スズメの焼き鳥は昔から「福良雀《ふくら》」などとも呼ばれて、寒中の酒の肴として広く賞味されていて、その縁起よい呼び名から結婚式の披露宴での折詰料理に出されることさえあったのです。平成二十四年二月二十八日（火）にＮＨＫ総合テレビ昼の番組「ひるブラ京都（生放送）」を見ていたら、伏見稲荷神社参道脇の店でなんと〝スズメの串焼き〟を売っていて、懐かしくも意外に思いました。

熊本県内でのスズメ（ニュウナイスズメも含まれる）の年間捕獲数は、昭和初めから十年代初めにかけては二、三万羽程度でしたが、十年代半ばから二十年代初めにかけては一万五〇〇〇羽から六〇〇〇羽くらいにまで減少しました。しかし、昭和二十年代後半から五万羽を超え、三十年代には八万羽、そして昭和三十七年（一九六二年）には最多の八万八二九八羽を記録しています。その後は再び減少傾向にあり、昭和五十三年（一九八〇年）頃から顕著で、昭和六十二年（一九八七年）以降は一万羽代にまで減少しています。

日本全体では、昭和初めから二十年代までは二〇〇万羽から四〇〇万羽の間を上下していましたが、三十年代になると五〇〇万羽近くなり、昭和三十七年（一九六二年）には最多の七四九万二八二三羽を記録しています。しかし、その後は減少傾向にあり、昭和五十四年（一九八一年）頃から顕著で、五十六年（一九八三年）には約三〇〇万羽と最大時の半分以下になり、さらに平成になると一五〇万羽前後と約五分の一以下に減少しています。

このような狩猟統計上のスズメ捕獲数の減少はスズメそのものの生息数の減少が主な原因とも考えられ、スズメをこのまま狩猟の対象にし続けたり、有害鳥として駆除してよいものかどうか今一度再検討してみる必要がありそうです。

## 大量駆除の手痛い報《むく》い

今からおよそ二五〇年くらい前、ドイツがまだプロイセン（プロシア）と呼ばれていた頃のことです。フレデリック大王（フリードリヒ大王）はサクランボが大好きで庭園にサクラの木をたくさん植えられていたそうですが、実りの時季になると自分より先にスズメがついばむのをいまいましく思われ、スズメを駆除することにされました。なんでも最初の年は三八万羽、次の年には三八万五〇〇〇羽も駆除されてスズメはほとんど見かけなくなったそうです。それで今年は豊作間違いなしと心待ちされていたところ、期待に反して春先に毛虫が大発生してサクラの木は丸裸同然になり果実がなるどころではない無残な結果になってしまったそうです。

これとよく似たことは、その後、隣の中国でも起きています。中国では国家発展のためには先ずネズミとスズメ、それにハエとカを撲滅する必要があるということで一九五〇年代から四害追放運動なるものが展開されました。スズメの撲滅には、青少年によってスズメ捕り突撃隊なるものが総勢八万人で二四〇〇余隊が編成されました。その規模もさることながら、捕獲の方法がまた傑作で、まるで古典落語を地で行くようなものです。つまり、冬には雪の上に六五度以上の高《コー》粱《リャン》酒《チュー》を染み込ませた粟や米をまき、スズメが食べて酔っぱらい前後不覚になったところを生け捕るのです。日本でもこれに倣って昭和三十年（一九五五年）三月五日に大雪の鳥取市で農業協同組合の音頭で農家が実施して数百羽が生け捕られて新聞の紙面をにぎわせたり、ニュース映画として上映もされました。鳥取市では昭和三十三年と三十四年の冬にも実施されましたが、その後は中止になったとか。

春から初夏にかけての繁殖期には巣を探し出して卵や雛を遺棄し、あるいは鐘や銅鑼を打ち鳴らして脅かし、飛び疲れて落ちてくるまで追いまわしたり、高い建物などに隠れているものがいればホースで水を浴びせて落とすという徹底したやり方です。それで一九五四年の冬から翌年の初夏にかけての期間に、北京だけでもなんと約一一億羽もが捕獲されたそうです。しかし、その結果は期待に反して、中国はその後一九五九年・一九六〇年と続いて百年来の大凶作に見舞われ一九六一年も不作となりました。その主な原因はスズメの捕り過ぎによる農作物の有害虫のはびこりと反省され、当初のスズメを一九六七年までに撲滅させるという計画は修正されて、一九六〇年四月にスズメは四害から外され、代りにナンキンムシが指定されました。

スズメは、春から初夏にかけての繁殖期には農作物の有害虫を大量に食べてくれていて、それで秋の実りも保証されているのです。それなのに実りの時季だけを見て有害鳥と決めつけて大量に駆除したりするのはあまりにも短絡的で愚かな行為です。これら二つの事例はそのことを私たちに教えてくれています。

# スズメは瑞鳥!?

### スズメの保護

「いくら食ふものか棄て置け稲雀」という作者不詳の古い句や、小林一茶の「雀の子そこのけそこのけ御馬が通る」の句などには日本人のおおらかで、スズメに対する好意的なやさしい眼差しが感じられます。スズメは、稲穂を食害するだけでなく、特に育雛期には農作物の有害虫を大量に食べて駆除してくれていることは先述のとおりです。また、その愛らしい動作は人の心を和ませてくれることから、有害鳥と短絡的に決めつけて捕らえたり、殺したりすることを戒めています。

『日本俗信辞典』（鈴木棠三）によると、スズメを捕ると夜盲症になる（大分）とか、火事になる（広島）といわれ、ことに夜間に集団就塒しているのを一網打尽にすることを戒めていて、夜にスズメを捕ると盲目になる（青森・秋田・愛知・山口）とか、夜盲症になる（福島・長野・新潟・愛知・和歌山・広島・山口）、目を病む（愛知・奈良）のほか、旅先で宿に困る（長野・広島）などといわれています。目に祟るというのが多いのは、夜に見えにくくなる鳥目《とりめ》を、雀目《じゃくもく》ともいうようにスズメを鳥の代表のように認識してのことでしょう。

一方、スズメはその家の故人の生まれ変わりだから追ったり、いじわるしたりしてはいけない（静岡）といわれ、スズメが家に多く営巣するとお金がたまる（長野）とか、家運が増す（愛知・岡山）ともいわれています。

『宇治拾遺物語』（一二一〇年代）の「腰折れ雀」の説話などは、スズメを保護するともっと良い事があると説いています。つまり、子供に石をぶつけられて腰骨が折れたスズメを老婆が助けてやると、そのお礼にとスズメは老婆に一粒の瓢簞《ひょうたん》の種子を贈ります。老婆がその瓢簞の種子を植えると、生長した瓢簞の中から白米が食べきれないほど大量に出てきて裕福になったというものです。また、室町時代末までには生まれていたとみられる『舌切雀』の昔話では、爺さんが可愛がっていた子スズメが隣家の意地悪婆さんのところの糊を舐めたために、婆さんは怒ってその舌を切って追い出しました。爺さんが心配してスズメのお宿を訪ねると、スズメは土産に葛籠（つづら）を贈りますが、欲のない爺さんは軽い方を選んで持ち帰ります。すると中から宝物が山ほど出てきて大金持ちになりました。それを妬んだ欲深い意地悪婆さんはスズメのお宿を訪ねて重い葛籠を持ち帰り、開けると中からヘビやムカデなどがゾクゾク出てきたということで、爺さんにとっては『腰折れ雀』の説話と同様の報恩譚といえるでしょう。

一方、『雀孝行』の昔話では、スズメが米を食べているのは、親が危篤になったときにスズメはなりふりかまわず普段着のまま駆けつけたので親の死に目に会え、それで神様はその報いとして身近な場所で五穀を自由存分に食べて暮らせるように計られたから、と好意的に説いています。ちなみにアイヌ語ではスズメを「アマムチリカムイ」、ニュウナイスズメを「アマムチカップトノ」と呼んでいて、どちらも〝穀物を食べる鳥の神様〟を意味しているという。

これらの俗信や説話、昔話などには、日本人の生き物全てに対する温かい眼差しと、仲良く共生していこうという、実に調和のとれた好ましい自然観がにじみ出ているようです。

## スズメの酒造り

酒の漢字は、氵（三水《さんずい》）編に酉（とり）と書き、「とりの水」という意味を含んでいます。何鳥か気になりますが、『説話―大百科事典』（巌谷小波編）では、その鳥は米好きのスズメとしています。つまり、その昔、スズメがお墓に供えてある米を、昼間の隠れ場や夜間の就塒場にしている竹やぶの青竹の切り株の中にせっせと運んで蓄えておいたら、雨水が溜まり、天然酵母のはたらきで発酵して旨い飲料の酒ができたというわけです。

〝すずめ〟銘柄の焼酎（後方）と
絵柄の燗壜（前方）

そうだとすれば酒好きの私はスズメに感謝しなければなりません。長崎県五島列島の最南端に位置する福江島はキリシタンの聖地として知られていますが、そこの造り酒屋では、酒造りはスズメに倣《なら》ったとして、スズメを大切にしているとか。

なお、この説話には落ちがあって、思わぬよい飲料を得たスズメは、大勢集めて歌え踊れの盛大な酒宴を催したそうで、「雀百まで踊り忘れぬ」の諺はこのときに生まれたとか。

## 室内に営巣

スズメが究極の営巣場所として選んだ人家の屋根は、藁や茅葺きといった天然素材を用いたものから人工の瓦葺きへと時代とともに変化しましたが、そのことはあまり関係ないようで、暖地出身のスズメは寒い冬の夜は屋根裏を塒にして暖をとり、春には巣を造り、人の威を借りて天敵から守られながら安全な育雛をしてきました。

しかし、許されるならツバメのように室内に営巣した方がより安全で快適に育雛できるはずです。そのことを実際に成就した先駆的なスズメもいます。その具体事例をいくつか見てみましょう。

空箱に——先述のように私が相良南中学校に勤務していた昭和四十四年（一九六九年）五月十七日のことです。技術科担当の教師が工具室の棚に置いていた蛍光灯が入っていたダンボールの空《から》箱《ばこ》に何鳥かが巣を造っていると知らせてくれました。なんでも工具を探していると、突然、空箱から小鳥が飛び出てビックリしたとのこと。小鳥は割れたガラス窓の隙間から出て行ったが、予期せぬとっさの出来事で鳥の種類までは分からなかったとのこと。

百聞は一見に如かずと、さっそく案内してもらうと、ダンボールの空箱には多量の藁屑や枯れ草、ニワトリの羽毛などで造られた巣があり、入口は横にあって、卵が四個入っていました。スズメの巣と卵です。工具室には日ごろあまり出入りしていないということでしたが、室内に造られたスズメの巣を見るのは初めてで珍しく思えました。その後、五月二十二日の朝には雛三羽が孵り（一卵は先述のようにほかのスズメによって割られた）、六月四日には三羽とも元気に巣立って行きました。

額の裏に――昭和四十四年（一九六九年）七月七日、隣の相良南小学校から、資料室横の廊下に掲げてある額の裏に造られているスズメの巣で雛が孵ったらしい、との電話がありました。小学校までは二〇〇㍍くらいしかありませんので、さっそく授業の空き時間に訪ねてみました。巣は、入口が横にある屋根付きで、藁屑や枯れ草、ドバトの羽毛などで造られています。親鳥の留守中に巣内をのぞくと雛が二羽入っていました。

五分もすると親鳥が餌をくわえて帰って来ました。まず廊下の窓の縁に止まり、次に廊下を横断して向かい側にある額の上に止まりました。それからさして警戒するふうでもなく巣内へ入りました。廊下の上の窓はスズメの出入りのためにいつも開けたままにしてやっているとのことでした。こういった日ごろの温かい思いやりが、スズメにこんな場所に営巣させたのでしょう。半月後には二羽とも元気に巣立ったそうです。

柱時計の上に――昭和四十四年（一九六九年）の夏休みも間近になった七月十二日のことです。受け持ちの生徒が、「自宅の柱時計の上にスズメが造った巣で雛が孵っている」と、ちょっと自分の耳を疑うような情報をもたらせてくれました。

さっそく翌日の日曜日に朝から生徒の家を訪問させてもらいました。先述のシキミの枝やキイロスズメバチの古巣に造ったスズメの巣があった十島のすぐ南隣にある陣の内という集落です。食料品店を兼業する農家で、土間に続いて六畳と八畳の部屋があり、スズメの巣は奥の八畳の部屋の天井近くに取り付けられた柱時計の上にありました。横に入口がある屋根付きの巣で、藁屑や枯れ草、ニワトリの羽毛などで造られていますが、だいぶ小さめです。折よく親鳥もいて、柱時計の上で巣の入口の方を向いたまま身動きひとつせず造った置物のようにじっと止まっていました。「事実は小説よりも奇なり」と言いますが、まさにそんな感じです。よく見ると嘴には虫のようなものをくわえています。生きているのだろうかと疑いたくなるくらいそのままの格好でじっとしていましたが、私がほんのちょっと目をそらせた間に巣内に入って雛に給餌していました。家の人の話ではいつもこうで、人が見ていると分かるといつまでも柱時計の上にじっと止まっていて、ちょっとでも目を離すと、その間に巣内に入って給餌しているとのことでした。

餌は雌雄が協力して五〜七分間隔で運んで来ますが、なかなか用心深くて、まず庭先の電線に止まり、それから縁側のカキの木に移ってしばらく様子を見、安全と思ったら柱時計の上に飛んで来るといった手順があって、ツバメのようにいきなり巣にやって来るようなことはけっしてしません。ツバメの巣も隣の六畳部屋の蛍光灯の笠の上にあって、つい先日雛が巣立って行ったそうで、スズメもツバメをまねたのでしょうか、と言っておられました。

スズメは、四月初め頃から二羽で八畳部屋を訪れるようになり、当初は額の裏に巣を造り始めたが、途中でやめて柱時計の上に場所替えしたのだそうで、なんでも柱時計上での繁殖は今年二回めだとか。一回めは同じ巣で五月半ばに五羽の雛が孵ったが、途中でアオダイショウに襲われ

工具棚の空箱に営巣して抱卵中のスズメ
1969年５月18日　熊本県球磨郡相良村立相良南中学校で

柱時計上に営巣して育雛中のスズメ夫婦
1969年７月13日　熊本県球磨郡相良村で

廊下の額裏に営巣して育雛中のスズメ
1969年７月13日
熊本県球磨郡相良村立相良南小学校で

巣箱に営巣するスズメ
2004年４月15日　熊本市春日の自宅で

巣箱の元祖「ひょうたん雀」の再現
2003年６月13日
熊本市画図町の熊本市環境総合センターで

て雛二羽が呑まれ、三羽が巣立ったとのことでした。初めて耳にする興味深い話に聞き入り、つい長居をしてしまい迷惑をかけてしまったのではないかと恐縮しています。

ひょうたん雀——日本でのスズメの室内営巣の具体事例は元禄年間（一六八八〜一七〇四年）までさかのぼります。京都の伏見街道沿いの深草で布団・蚊帳商をしていた鍵屋文左衛門は、スズメをネズミの害から守るために巣引き用にとヒョウタンに穴を開けて座敷にいくつも吊してやったそうです。つまり巣箱の先駆けです。巣箱（洞巣性鳥類用の巣引き用具）というと、イギリスのウォータートン（一七八二〜一八六五年）やドイツのベルレプシュ男爵（一八五七〜一九三二年）の名を思い浮かべる人も多いようですが、両氏よりはるかに早い発案です。結果は上乗で繁殖率も向上して最盛期のヒョウタンは五〇〇個にもなったとか。「雀のお宿」として京都の観光名所にもなって、当時は参勤交代の行列も一時止まって大名たちも見物していたとか。

しかし、その後、周辺の環境が変化して雀のお宿も消失し、戦後に創作された民芸品の置物「ひょうたん雀」（京都市伏見区）に昔を偲ぶだけになってしまいました。本物の小さいヒョウタンの下の膨らみの側面に穴を開けて土製のスズメと藁を入れ、上部に翼を開いたもう一羽を止まらせた楽しい造りになっています。

ヒョウタンに穴を開けて巣箱にするという妙案に感心して私も見習ったところ、座敷ではありませんが、三か所めで七年めにしてやっと営巣してくれ、先人の思いに少しは触れたような気がして悦に入っています。

ツバメのように――スズメほど人の身近にいて、それでいて人に対する警戒心が強い野鳥はほかにはいません。だが、しかしよく考えてみると、地球上最強で最も危険な人の生活に依存して生きているのですから当然のことでしょう。機嫌をそこなえば最期ですから絶えず神経をとがらせて人の顔色をうかがいながら生きているのです。そうでなければ現在のような人間生活に依存した生き方は続けてこれなかったでしょう。スズメは、人がスズメを意識する以上に、絶えず意識的に人を観察して、つまりマンウォッチングし警戒しながら生活しているのです。

野生動物の人に対する警戒心の強さの程度は、種類によって違いますが、同じ種類でも人との接し方によって大きく異なってきます。そのことは一六世紀初めまで人と接したことがなかったガラパゴス諸島の野生動物たちの人に対する警戒心の無さが教えてくれています。日本人は稲作文化の中で、スズメは稲穂を食害する有害鳥であり、それに対してツバメは稲の有害虫を食べてくれるありがたい有益鳥として捉えて接してきた長い歴史があることは先述のとおりです。そこで思い起こされるのが、先述の相良南小学校での「スズメの出入りのために上の窓は開けたままにしてやっている」とか、柱時計の上に営巣した家の人がさりげなく言われた「スズメもツバメをまねたのでしょうか」などの言葉の裏にあるツバメもスズメも差別しない生命あるものへの優しい眼差しです。人と野鳥との距離は、その国の文明度のバロメーターともいわれています。つまり、まだ開拓されないで手つかずの豊かな自然が多い国では特に保護などしていなくても野鳥は多いが、人にはなれていません。開拓が始まり都市化が進んでいる国では概して鳥類保護が不十分で野鳥は少なく、しかも人を恐れています。そして、先進文明国では開拓も都市化も進んでいますが、野鳥の保護も徹底していますので、野鳥は多くて人にもよく馴れている、といった具合です。

スズメに対してもツバメに対するのと同様の接し方をしていけば、今後はツバメのように室内に営巣するスズメももっと増えていくのではないでしょうか。

### 白雀は瑞鳥

白雀出現の確率は極めて低く、たとえ出現したとしても、メラニンが欠けると羽毛は白くなるだけでなく脆く擦り切れやすくなり、目の網膜も傷つきやすくなります。それに天敵にも目立ちますので一般に短命であることは先述のとおりです。

それで白雀を野生の状態で見るのは〝有難い〟ことです。それに、清浄を尊ぶ日本文化では色は白が最高とされました。白は清浄そのもので、色彩なき色が醸す一種独特の神秘性も有しています。それに、本来は白くもないものが白くなったのですから珍貴さも加わって、その意味合いは倍増します。大化六年（六五〇年）二月に穴門国《あなとのくに》（現在の山口県）から時の孝徳天皇に白いキジが献上されたときは、朝廷では瑞祥として盛大な祝宴が開かれ、二月十五日をもって和号を「白雉《はくち》」（白キジの意）と改元したほどです。白いスズメももちろん瑞鳥とされ、仏教では観世音菩薩の化身などとしても崇められ、捕えられると天皇をはじめ高貴な人に献上されました。平安時代の『延喜式』（九六七年施行）には白雀は上瑞と記されています。

白雀が日本史に最初に登場するのは『日本書紀』の皇極元年（六四二年）七月二十三日で、その日に時の執政、蘇我入鹿の子が白い子雀を捕り、また同日に籠に入れた白雀が贈られてきたので入鹿は不思議がった、と記されています。

その後、神亀四年（七二七年）正月三日に河内国（現在の大阪府）で捕獲された白雀が左京職から聖武天皇に献上されています（続日本紀）。神護景雲四年（七七〇年）五月十一日には大宰師《だざいのそつ》から光仁天皇に白雀一羽が献上され、褒賞として稲一千束が下賜されています（続日本紀）。

白雀の貢を最も多く受けられているのは桓武天皇で、延暦十年（七九一年）七月二十二日に伊予国（現在の愛媛県）から（続日本紀）、延暦二十三年（八〇四年）正月朔日に近江国（現在の滋賀県）から、同四月二十八日に同じく近江国から、同五月二十三日には斎宮寮から（いずれも日本後紀）の合計四回です。延暦十年に白雀を捕獲して献じた凡直《おおしのあたい》大成なる者には爵二級と稲一千束が（続日本紀）、延暦二十三年四月に献じたときには近江国に稲五百束が（日本後紀）それぞれ褒賞として下賜されています。

弘仁五年（八一四年）七月二十九日には美作国《みまさか》（現在の岡山県）から嵯峨天皇に献上され、捕獲し献上した者には稲四百束が褒賞として下賜されています（日本後紀）。貞観元年（八五九年）五月十三日には備前国（現在の岡山県の南東部）から一羽が清和天皇に献上されています（日本三代実録）。仁和元年（八八五年）七月十四日には西寺から一羽が光孝天皇に献上されています（日本三代実録）。

このほかにも大化六年（六五〇年）、つまり白いキジが捕獲され白雉と改元される（二月十五日）直前の二月九日に寺田庄で白雀一羽が見られています（日本書紀）し、元慶二年（八七八年）四月二十六日には備中国（現在の岡山県の西部）で白雀一羽が捕獲された（日本三代実録）との記録もみられます。

私が住んでいる熊本からも江戸幕府へ白雀が献上されています。県南部の人吉・球磨地方を中心に鎌倉時代から幕末まで約七〇〇年間にわたって統治していた相良藩についての史書『歴代嗣誠獨集覧』（藩士、西源六郎昌盛（退役後、梅山無一軒）編纂）によると、寛文三年（一六六三年）十二月十八日に白雀一羽が、第二十一代藩主の相良壹岐守頼寛から江戸藩邸の御用人、冨岡九左衛門を介して阿部豊後守に進上され、江戸城内で板倉筑後守に披露されたという。その後、白雀が時の第四代将軍徳川家綱の目まで届いたかどうかは不明ですが、同日付けで阿部豊後守から相良壹岐守頼寛に礼状が届いています。

ところで、先述の『延喜式』には赤雀（あかすずめ）も上端と記されています。『日本書紀』（七二〇年）の天武天皇紀下、十年七月の朔に、「朱雀（あかすずみ）見ゆ」の記事もあります。この赤雀と朱雀は同じようなものとみられ、淡化とかバフ変（leucistic《リューキスティック》）と呼ばれる色素不足によって褐色から赤褐色になったものと考えられます。

## スズメの雛を飼う

希少な瑞鳥とされる白スズメが朝廷や幕府に各地から献上されて飼育されていたらしいことは先述のとおりですが、平安時代になると普通のスズメの雛も飼育されていたようです。『源氏物語』に、紫上（十歳の頃）が、伏籠（竹製）で飼っていた雀の子を犬君（召使っている女童の名）が不注意で逃がしたことに立腹して、カラスなどに見つかったら大変と心配していることが書かれています。また、『枕草子』の「心ときめきするもの」の最初に「雀の子飼」が挙げられています。スズメが両足を揃えて跳ね歩く姿を無邪気でユーモラスなものとして愛したようです。農民にとっては稲穂を食害するスズメも、稲作に直接携わらない貴族の間では単に身近で入手できる格好のペットということのようで、雀の子飼については鎌倉時代の『新撰和歌六帖』や『夫木和歌抄』などからも見出せます。

　鳥は空を飛ぶことで私たちに夢を与えてくれ、その美しい機能美や色彩、それに鳴き声は目と耳を楽しませ、可愛らしい動作は心和ませてくれます。こんな素晴らしい鳥をいつも身近に置いておきたいという欲望は洋の東西を問わず人類に共通しているようです。鳥の飼育は日本でも古くから行われていたようで、『日本書紀』に仁徳天皇四十三年（三五五年）九月朔日に、百済から来日した酒君《さけのきみ》という者が、飼い馴らした鷹《たか》を使ってキジ数十羽を捕ってみせるという日本最初の鷹狩《たかが》りをして披露して、これを機に鷹甘部が設けられたと記されています。また、『古事記』には、斉明天皇の時代（六五五〜六六〇年）に、百済から献上されたオウムが宮中で飼われたともあります。

小鳥の飼育が貴族の間に広まったのは鎌倉時代からのようで、町人の間にまで広がるのは江戸時代も徳川五代将軍綱吉の死後からです。綱吉の時代には生類憐みの令（一六八七年）が発せられて飼い鳥はことごとく放鳥させられましたが、八代将軍吉宗は鷹狩りを復興させ、それにつれて鷹《たか》以外の鳥の飼育も盛んになりました。

日本での小鳥飼育は、古来、鳴き声を楽しむのが主流でしたが、ヤマガラのおみくじ引き芸のような楽しみ方もありました。小鳥に運勢を占わせる芸は東洋では珍しくなく、台湾や香港ではブンチョウ、中国ではマヒワ、ネパールではインコ、それに隣の韓国ではスズメと地域によって使われる小鳥の種類もいろいろです。

スズメの芸は、日本でも明治時代に大阪千日前の見世物小屋で、ヤマガラの芸（つるべ上げ・鐘つき・傘をさして・綱わたり・占い・かるたとり…など）とともに見せていたという。かるたとりなどをやっていたようですが、スズメの芸の詳しい内容は分かっていません。日本で芸をさせた鳥には、ヤマガラやスズメのほかにタカ・ジュウシマツ・ヨシキリ・ホオジロ・イカルなどもありますが、これらの中でスズメが最も利口だが飼育が困難だとか。

ところで、スズメは狩猟鳥といえども、その雛を勝手に飼育するのは「鳥獣の保護及び狩猟の適正化に関する法律」違反になりますので、偶然に雛を拾って保護飼育したいと思われたときなどには都道府県の鳥獣保護担当係へ相談されるようお勧めしておきます。

### 「竹に飛雀」家紋の系統

スズメと竹の組み合わせは、スズメが竹やぶを昼間の格好の隠れ場にしていることや雀のお宿（スズメの集団就塒場）がかつてはもっぱら郊外の竹やぶにあったことなどに由来しているようです。

スズメと竹の意匠では伊達家の「竹に飛雀」（仙台笹）がよく知られていて、二本の竹の下端を紐で結んで輪形に向き合わせて折り曲げ、その輪の中に羽ばたく二羽のスズメを阿吽《あうん》（口を左は開け、右は閉じる）の型に向き合わせてあります。竹はそれぞれ四節からなっていて、葉は内側に八枚、外側には一五枚あって、露点と呼ばれる黒点が内側の葉に一枚と外側の葉四枚についているのが特徴になっています。

メダケに止まるスズメ
2006年11月８日　熊本市春日で

「竹に飛雀」の家紋は、伊達家のが有名で元祖のように思われているようですが、実は最初に用いたのは公卿の勧修寺《かんじゅうじ》経房《つねふさ》で、治承四年（一一八〇年）にそれまでの「丸に雀」紋の丸を竹に変えたのです。天子の子孫を竹園ともいうことからスズメは竹園に集う貴族を意味するとも受け取れ、賞美的で縁起良い家紋とされています。勧修寺は藤原氏から分かれた、天皇家とも血縁関係にある有力公卿で、その一門の上杉定美が伊達家の息子の一人である実元を養子に迎える縁談が持ち上がった際の引出物の一つとして「竹に飛雀」の紋を贈ったといわれています。しかし、この縁談はまとまりませんでしたが、紋所だけはちゃっかりいただいてしまったとか。ただ、贈るといっても紋の使用を許可するだけで、混同を避けるために意匠の一部を変更させました。元になった上杉家の現在の家紋（上杉笹）は竹に節がなく葉も九枚ですが、最初の古い意匠は残っていなくてどうだったか分からないとか。公卿の紋ではスズメは三羽でしたが、上杉のように武将に転じた家では一羽減らして現在ののように二羽だったことは確かでしょう。「竹に飛雀」の家紋は、このように由緒ある名誉の家紋として次々に譲られて三六種類にも

勧修寺笹

上　杉　笹

仙　台　笹
（伊達家の家紋）

**竹に飛雀の家紋**

なっています。勧修寺家が従来の丸を竹に変えた家紋（勧修寺笹）にした理由は明らかではありませんが、竹とスズメの組み合わせは、正倉院宝物中の彫刻にも見出されているそうですから、その歴史は天平時代にまでさかのぼるようです。

竹を省いたスズメだけの意匠や、後には脹雀《ふくらすずめ》という羽を膨らませた寒雀の姿の意匠なども創出されました。脹雀は福良雀とも書いて縁起良いとされ、「ふくらすずめ」の語は既に謡曲の放下僧の歌にもみえます。スズメの家紋は、鷹羽や鶴と並んで人気があるようです。

## スズメと芸術

スズメが記紀に登場していることは先述のとおりですが、『万葉集』や『古今和歌集』には鳥も多く詠まれているのにスズメが見出されないのはちょっと意外な気がします。イギリスには日本のスズメのように、近縁でその名もイエスズメがすんでいることは先述のとおりですが、英文学でもイエスズメを主題にした詩などはなかなか見つからないとか。あまりにも身近な野鳥は、歌人や詩人の興をそそらないのでしょうか。

しかし、絵画の世界ではスズメを主題にした注目すべき作品がいくつか見出せます。花鳥画は平安時代に中国から伝わり、江戸時代に大きく展開しますが、古くには鎌倉時代末から南北朝時代にかけて水墨画の世界で活躍した可翁《かおう》仁賀の『竹雀図』（重要文化財・奈良の大和文華館蔵）があります。マダケ⁉下の岩上に一羽のスズメが片足立ちで天空を仰いで佇む姿を繊細かつ力強い筆致で緩急自在に巧みに描いていて、「小鳥樹林皆悉是仏」という禅的自然観が呈されているとも評される、中国南宋末の画僧、牧谿《もっけい》の影響が強く感じられる作品です。ただ肝心のスズメそのものは足が長めで、一見チドリの仲間に見えそうで気になります。

絵画での竹とスズメを組み合わせた主題は、先述のようにスズメが竹やぶを昼間の格好の隠れ場や夜間の集団就塒場にしていることによっているようで、後にも江戸時代の写生的画風を特色とする円山派の画家たちも好んで描いています。長沢芦雪の『竹雀図』（アメリカの心遠館蔵）は、三本のマダケ⁉の根元に三羽のスズメが扇形に集う光景を、鋭い観察眼で写実的に、巧みな切れ味よい筆捌《さば》きで生き生きと描いていて、今にも動き出しそうです。

なお、可翁は『梅雀図』（東京の梅沢記念館蔵）も描いています。曲がりくねった梅の老木にスズメ三羽が集う光景を描いたもので、梅はまだ咲きかけで蕾も多く、スズメは二羽が枝に止まり、一羽は飛んで来ていて、静と動の調和によって生命が躍動し始める早春の息吹を醸《かも》しています。

写生を重視し、京都で活躍した個性派画家・伊藤若冲（一七一六―一八〇〇年）の『秋塘群雀図《しゅうとうぐんじゃくず》』（一七五九年作・宮内庁三の丸尚蔵館蔵）は、相国寺に寄進した畢生《ひっせい》の大作『動植綵絵』三十幅シリーズ中の一図で、粟の穂に群れ集まる多くのスズメを独自の細密極まる筆致で一羽ずつ愛情深く丁寧に描いています。なんでも若冲は信心深い仏教徒だったそうで、ある時、市場でスズメが生きたまま売られているのを見て、焼き鳥や吸い物にされてしまう運命を憐《あわれ》み、数十羽を買い受けて自宅の庭に放してやったという放生《ほうじょう》の逸話があります。描かれているのはその時のスズメたちとも思え、粟を腹いっぱい食べさせてやりたいとの思いが込められているようにも見受けられます。

竹内栖鳳（一八六四～一九四二年）は、京都の伝統的な写生をもとに名人芸の筆で野鳥も多く描

『秋塘群雀図（動植綵絵）』
伊藤若冲　1759年　宮内庁三の丸尚蔵館蔵

『竹雀図』長沢芦雪
江戸時代　アメリカ心遠館蔵

『百騒一睡』4 曲 1 双の左隻（部分）　竹内栖鳳　1895 年

いており、スズメでは四曲一双の屛風絵『百騒一睡』（一八九五年作）が注目されます。特にその左隻「百騒」部には、稲刈り後の田に群れるスズメ百羽を温かい眼差しで一羽ずつ丁寧に巧みな筆捌きで生き生きと描いていて、今にも全部が動き出しそうで賑やかな鳴き声も聞こえてきそうです。横たえられた稲束や地上で籾《もみ》を探すものや飛び来るもの、あるいは食物をめぐって地上や空中で争っているものなどいろんな動作が描かれていて、百騒は〝百態〟でもあり、スズメの描き方のよい画手本にもなり、見ていて楽しく見飽きることがありません。

## 正月注連縄飾《しめなわかざ》りとスズメ

今年の元旦も例年どおりの時刻に起き、お墓参りに出かけようとガレージのシャッターを開けると、籾殻が散乱しているのに気づきました。見上げると、昨夕の大晦日に飾り付けた注連縄飾りに下げられた稲穂の籾がだいぶなくなっています。と、近くでスズメの鳴き声がしましたので納得しました。いつものことながらスズメの餌探しの目敏さには改めて感心させられます。

お墓参りを済ませると年賀状が届くまでには特別にすることもないので、ここ何年かの元旦は注連縄飾りの籾を食べるスズメを撮影しています。門柱脇に三脚を立てて赤外線受光器とストロボを付けたカメラを取り付け、ガレージの車内で後ろ向きに待機してルームミラーで様子を見ながら赤外線遠隔操作でシャッターを切るのです。準備が済んで一〇分くらいすると、一時姿が見えなくなっていたスズメの鳴き声が聞こえ始めました。車内からは姿は見えませんが、どうやら門柱横の植え込みまでやって来ているようです。注連縄飾りにやって来るのを息を凝らせて待っ

正月注連縄飾りの稲穂をついばむスズメ夫婦!?
1990年１月７日　熊本市春日の自宅で

ていますが、鳴き騒いでいるだけでなかなかやって来てくれません。やはり突然現れたカメラに気づいて警戒しているのでしょう。日ごろはあまり感じませんが、こうして待っているとスズメの警戒心の強さを改めて思い知らされます。それは当然のことで、この警戒心と注意深さがあるからこそ地球上で最も危険な人の生活に依存して生きてこられているのです。彼らは、私たちが彼らを見ている以上の注意深さで私たちの顔色をうかがいながら行動しているのです。安全だと信頼されるまで待つしかありません。

と、鳴き声が止んで静かになった、次の瞬間に、注連縄飾り下端の稲穂が少し動いたようです。やはり間違いなく動いていて、スズメの尾羽も見えます。ようやくやって来たのです。息を凝らせてころあいを見計らってシャッターを切るとストロボの閃光がはしり、ババッと羽音がして確かな手応えを感じました。突然のシャッター音に驚いたのか、それともストロボの閃光に驚いたのでしょうか、やはりカメラをだいぶ警戒しているようです。しかし、安全と思ったのか間もなくして再びやって来ました。シャッターを切るとやはり飛び去りますが、慣れてきたのか、やって来るまでの時間がだんだん短くなります。

ところで正月注連縄飾りに稲穂を下げるのにはどんな意味があるのでしょうか。手元の百科事典には、注連縄そのものは禍神《まがかみ》の侵入を防ぐためのもので、稲穂のほかにイセエビやコンブ、串柿などをくくり付けるのには食物の豊作を祈念する意味がある、とあります。しかし、スズメにとってはそんな人間の思惑などはどうでもよく、ただ単にこの上ない正月のもてなしとしかみていないでしょう。正月注連縄飾りをなすのは、所詮、個々の家の行事であり、稲穂を無心についばんでいるスズメを見ていると、禍神の侵入を防ぎ食物の豊作を祈念するだけでなく、新年の始まりですからもっと積極的に前向きな意味に解釈して、福の歳神を招き入れるための目印、あるいは門松と同様の依代《よりしろ》としての飾り付けで、スズメがその先導役を果たしているので褒美としてスズメのために好物の稲穂を下げているのだと思いたくなりました。

古来、日本の神々には去来性があって、祭りのたびに人々に招かれて天上から地上の斎場に降臨されることになっていますが、その際には先導役（御先《みさき》）が必要です。神倭伊波礼毘古命《かむやまといわれびこのみこと》（後の神武天皇）の一行が熊野から大和へ向かわれたときに先導した八咫烏《やたがらす》のような役をするものです。天上に御座す神を人々がすむ地上まで先導するには飛べなくてはならず、それには身近にいるものではスズメが最適でしょう。私はスズメを福の歳神の御先（先導役）と勝手に解釈して、正月注連縄飾りはスズメへのご褒美の意味を込めて稲穂ができるだけ多く付けられたものを入手するように心掛けています。

# おわりに

私にとってのスズメは、子供のときは単なる格好の遊び相手でしかありませんでした。今日のようにテレビやゲーム機があるわけでもなく、野鳥を生け捕って飼うのは主に男の子の遊びの一つだったのです。スズメが飼い鳥として特に魅力があるからというわけではなく、単に身近で簡単に入手できるという理由からだけでした。煉瓦三個を「コ」の字形に並べ、開いた側に蓋代りの四個めの煉瓦を傾けて木片で支え、内部に米粒を入れて置きます。スズメが米粒を食べに入って支えの木片に触れると支えが外れて煉瓦が倒れ、蓋をして出られなくなるという実に簡単な仕掛けです。材料の煉瓦は戦後の焼け跡にいくらでも散乱していて、スズメも食糧難で飢えていたのか簡単に捕れたものです。庭や空き地などの遊び場の片隅に仕掛けておいて毎日、登下校の途中などに見回るのが日課のようになっていて、煉瓦が倒れていたときのドキドキ感は今でも忘れられません。このようにして生け捕ったスズメは籠鳥として飼おうとしてもなかなか人馴れしませんでした。人馴れさせるにはやはり雛のときから飼わなければだめで、それで屋根に上って瓦の下から巣ごと取って来て、ご飯粒や青虫、擂餌《すりえ》などを与えて育て、手乗りに仕付けたものです。それでもある程度成長すると逃げられたり、ネコに捕られたりしたものです。大人の中にはスズメを焼き鳥にしようと空気銃を持って街中をカッコ良く⁉闊歩しているのをよく見かけましたが、子供たちにとってはスズメは遊び相手としての飼い鳥以上のものではありませんでした。

成人してからは、スズメは生態観察の格好の対象となりました。初任校の熊本県球磨郡相良村立相良南中学校の校庭にあるコノテガシワの茂みにスズメが営巣しているのを見て意外に思ったのがきっかけです。それまではスズメは人家の屋根瓦下に営巣するものとばかり思い込んでいましたが、人が家を建てて住むようになる以前にはきっとこのように営巣していたことでしょう。それがいつ頃からどんな経緯で人家の屋根に営巣するようになったか知りたいと思ったのです。スズメは知れば知るほど魅力的で興味深い鳥であることが分かってきました。

　しかし、「はじめに」でも述べましたようにこの魅力的なスズメが減少しているようで気がかりです。スズメに限らず動物が生き続けるには、食物と子孫を残すための営巣場所の確保が必要です。スズメは人間生活に密着することで食物は穀物に、営巣は屋根瓦下にと依存してきました。ところが水田稲作の減反が進み、加えてコンバインの普及で落ち穂も減少しています。市街地でも格好の採餌場になっていた空き地は人家の密集につれて減少し、舗装も進むなどしてスズメの食糧事情は悪化しています。一方、営巣場所も建築様式の変化で瓦葺き屋根は少なくなっています。さらに、それらに加えて市街地で増加しているハシボソガラスやハシブトガラスはスズメにとって最大の天敵となっているなど、スズメの未来に明るさは見えてきません。

　スズメの鳴き声も聞こえず、可憐な姿も見られない生活など無味乾燥で味気なく、想像するだけでぞっとします。スズメは、屋上やベランダなどに緑を増やし、ちょっとした給餌台や水浴び場を設けてやるだけでやって来てくれます。泉鏡花は、一坪（約三・三平方メートル）あるかないかのちょっとした庭に一尺（約三〇・三センチメートル）四方ほどの屋根付きの東屋風の給餌台を設けてスズメを観察し、短編『二三羽――十二三羽』（一九二四年）をものにしています。また、『雀の生活』や『雀の卵』の著作もある北原白秋と同郷で、福岡県柳川の医者の家「十柿舎」に生まれ育った医者で俳人でもあった木村緑平《ろっぺい》も知る人ぞ知る大のスズメ愛好家でした。スズメの自由律俳句を三千余も詠み、「雀になりたい」の詩まで遺していて、スズメが命の人生を送り、〝雀の俳人〟とも呼ばれています。泉鏡花や北原白秋、木村緑平のようにはいかないまでも、身近にスズメがいる心和む生活はしたいものです。本書がスズメへの関心を喚起し、さらにはスズメとのより好ましい未来永劫の共生のありかたについて考えるきっかけになってくれればと願っています。

最後になりましたが、『スズメ百態面白帳』に続き、本書の出版に理解と尽力いただいた弦書房の小野静男代表に心から感謝の意を表します。

二〇一〇年四月一一日

大田眞也

## 主要参考図書（＊執筆にあたり資料として多くの本を参考にしました）

『雀の生活』北原白秋著、新潮社（新潮文庫）、一九二〇年
『雀の卵』北原白秋著、アルス、一九二一年
『スズメの四季』小林清之介著、文藝春秋新社（ポケット文春）、一九六三年
『雪国のスズメ』佐野昌男著、誠文堂新光社、一九七四年
『スズメ　人里の野鳥』佐野昌男著、信濃毎日新聞社、一九八八年
『スズメのお宿は街のなか』唐沢孝一著、中央公論社（中公新書）、一九八九年
『スズメと私（愛の記録12年）』クレア・キップス著／今田恵訳、創元社、一九七〇年
『The SPARROWS』J.Denis Summers-Smith,T&AD POYSER,1988年
『熊本の野鳥記』大田眞也著、熊本日日新聞社、一九八三年
『熊本の野鳥探訪』大田眞也著、海鳥社、一九九四年
『スズメ百態面白帳』大田眞也著、葦書房、二〇〇〇年
『A checklist of the BIRDS of the World』EDWARD S.GRUSON,Collins,1978年
『BIOLOGY OF THE UBIQUITOUS HOUSE SPARROW』TED R.ANDERSON OXFORD,2006年
『Birds of Africa』Ian Sinclair.Peter Ran,PRINCETON UNIVERSITY PRESS.2003年
『東アフリカの鳥』小倉寛太郎、文一総合出版、一九九八年
『野鳥の生活・続野鳥の生活』羽田健三監修、築地書館、一九七五、七六年
『鳥獣行政のあゆみ』林野庁、一九六九年
『わが国の鳥獣』環境庁自然保護局鳥獣保護課編集委員会、一九七六年
『鳥獣害の防ぎ方』由井正敏・阿部禎他著、農山漁村文化協会、一九八三年
『自然の教室』日本鳥類保護連盟編、出版科学総合研究所、一九八〇年
『アニマ（特集スズメとハタオリドリ）第10巻第10号』今西錦司・中西悟堂監修、平凡社、一九八二年
『野鳥（特集スズメ）四八一号』中村登流・佐野昌男、日本野鳥の会、一九八六年
『日本鳥学会誌58巻2号（日本におけるスズメの個体数減少の実態）』三上修、日本鳥学会、二〇〇九年
『動物大百科（鳥類Ⅲ）』C・M・ペリンズ／A・L・A・ミドルトン編、黒田長久監修、平凡社、一九八六年
『動物たちの地球34スズメ・カラスほか』黒田長久編集、朝日新聞社（週間朝日百科）、一九九二年

『鳥類』ロジャー・ピーターソン著、山階芳麿訳、タイム ライフ インターナショナル（ライフ大自然シリーズ）、一九六九年

『生態』ピーター・ファーブル著、坂口勝美訳、タイム ライフ インターナショナル（ライフ大自然シリーズ）、一九六九年

『動物の行動』ニコ・ティンバーゲン著、丘直通訳、タイム ライフ インターナショナル（ライフ大自然シリーズ）、一九六九年

『鳥の時代』A・フェドゥシア著、小畠郁生・杉本剛訳、思索社、一九八五年

『鳥の起源と進化』アラン・フェドゥーシア著、黒沢令子訳、平凡社、二〇〇四年

『これからの鳥類学』山岸哲・樋口広芳共編、裳華房、二〇〇二年

『図説日本鳥名由来辞典』菅原浩、柿澤亮三編著、柏書房、一九九三年

『鳥学大全』秋篠宮文仁・西野嘉章編、東京大学出版会、二〇〇八年

『ちんちん千鳥のなく声は』山口仲美著、大修館書店、一九八九年

『鳥の手帖』浦本昌紀監修、小学館、一九九〇年

『野鳥と文学』奥田夏子・山崎喜美子・川崎晶子・蒲谷鶴彦、大修館書店、一九八二年

『鳥の日本史』黒田長久監修、新人物往来社、一九八九年

『日本史のなかの動物事典（鳥類）』佐々木清光、東京堂出版、一九九二年

『野鳥雑記』柳田国男著、甲鳥書林、一九四〇年

『ヤマガラの芸』小山幸子著、法政大学出版局、一九九九年

『世界鳥類和名辞典』山階芳麿著、大学書林、一九八六年

『漢字の話（上）』藤堂明保著、朝日新聞社（朝日選書）、一九八六年

『日本俗信辞典（動・植物編）』鈴木棠三、角川書店、一九八二年

『説話―大百科事典（大語園）第五巻』巖谷小波編、名著普及会、一九八四年

『日本民俗大辞典』石上堅著、桜楓社、一九九二年

『聖書の動物事典』ピーター・ミルワード著・中山理訳、大修館書店、一九九二年

『在外日本の至宝（文人画・諸派）』牧内節男発行、毎日新聞社、一九八〇年

『伊藤若冲（生涯と作品）』佐藤康宏著、東京美術、二〇〇六年

『竹内栖鳳』朝日新聞社（朝日グラフ別冊、美術特集）一九八八年

〈著者略歴〉

大田眞也（おおた・しんや）

一九四一年、熊本市生まれ。
長年にわたりさまざまな野鳥の生態観察と文化誌研究を続けている。日本鳥類保護連盟専門委員、日本自然保護協会の自然観察指導員、日本鳥学会会員、日本野鳥の会会員。
著書に『熊本の野鳥記』（熊本日日新聞社）、『熊本の野鳥百科』（マインド社）、『熊本の野鳥探訪』（海鳥社）、『スズメ百態面白帳』、（葦書房、第二十二回熊日出版文化賞受賞）、『ツバメのくらし百科』、『カラスはホントに悪者か』、『阿蘇　森羅万象』『田んぼは野鳥の楽園だ』『里山の野鳥百科』（以上、弦書房）ほか。

スズメはなぜ人里が好きなのか

二〇一〇年一〇月二〇日第一刷発行
二〇一四年　八　月三〇日第二刷発行

著　者　大《おお》田《た》眞《しん》也《や》
発行者　小野静男
発行所　弦　書　房
（〒810・0041）
福岡市中央区大名二―二―四三
ELK大名ビル三〇一
電　話　〇九二・七二六・九八八五
FAX　〇九二・七二六・九八八六

印刷　アロー印刷株式会社
製本　篠原製本株式会社

落丁・乱丁の本はお取り替えします。

ISBN978-4-86329-048-8　C0045

◆弦書房の本

## ツバメのくらし百科

**大田眞也** 《越冬つばめ》が増えている　尾長のオスはなぜモテる？　マイホーム事情は？　身近な野鳥でありながら意外と知らないツバメの生態を追った観察記。スズメ、カラスと並んで身近な鳥の素顔に迫る。〈四六判・208頁〉**【2刷】** **1800円**

## カラスはホントに悪者か

**大田眞也** 霊鳥、それとも悪党？　なぜカラスはこんなにも悪者扱いされるようになったのか。色が黒く声が大きく賢いというだけで嫌われてしまうカラスの実態に迫り、人間の自然観と生活習慣に反省を促す《カラス百科》の決定版。〈四六判・276頁〉**1900円**

## 里山の野鳥百科

**大田眞也** サシバからスズメまで——里山にくらす鳥たち一一八種の観察記。野鳥をとおして里山の豊かさと過疎化による変貌を四〇年以上にわたって記録した決定版！　巣作りや育雛の珍しい貴重な写真も満載。**【野鳥シリーズ第5弾】**〈A5判・268頁〉**2000円**

## 田んぼは野鳥の楽園だ

**大田眞也** 田んぼに飛来する鳥一七〇余種の観察記。豊かな自然＝田んぼの存在価値を鳥の眼で見たフィールドノート。春夏秋冬それぞれに飛来する鳥の生態を克明に観察、撮影、文献も精査してまとめた田んぼと鳥と人間の博物誌。〈A5判・270頁〉**2000円**

## 魚と人をめぐる文化史

**平川敬治**　アユ、フナの話からヤマタロウガニ、クジラまで。川から山へ海へ、世界各地の食文化、漁の文化へと話がおよぶ。魚の獲り方食べ方祀り方を比較。日本から西洋にかけての比較〈魚〉文化論。有明海と筑後川から世界をみる。〈A5判・224頁〉**2100円**

## タコと日本人　獲る・食べる・祀る

**平川敬治**　世界一のタコ食の国・日本。〈海の賢者〉タコの奇妙な習性を利用したタコ壺漁の話やタコ食文化、タコの伝説など、考古学的、民族学的、民俗学的な視点をもり込んで、タコと日本人と文化について考える比類なき《タコ百科》〈A5判・220頁〉**2100円**

## 阿蘇　森羅万象

**大田眞也**　全域でジオパーク構想も進む阿蘇をもっと深く知るための阿蘇自然誌の決定版！　世界最大のカルデラが育んだ火山、植物、動物、歴史をわかりやすく紹介。写真・図版200点余収録、自然の不思議と魅力がつまった一冊。〈A5判・246頁〉**2000円**

## 九重山　法華院物語〈山と人〉

**松本徰夫・梅木秀徳編**　九州の屋根・九重の自然と歴史の魅力を広めることに尽力した加藤数功、立石敏雄、弘藏孟夫、工藤元平、梅本昌雄、福原喜代男ら6人の山男たちの物語。法華院に伝わる『九重山記』全文と現代語訳を初収録。〈A5判・272頁〉**2000円**

＊表示価格は税別